項立剛 — 著

5G
時代

什麼是5G,
它將如何改變世界

推薦序

資訊科技是人類發展的重要力量，現代通信技術有助於降低社會成本、提升社會效率、縮小數位鴻溝。

從第一代行動通信到今天的第五代行動通信，每一代都凝聚了人類智慧和技術發展的結晶，代表了一個時代的科技水準。

第一代行動通信解決了通信的行動化，大大促進了人類訊息通信的能力，為經濟不太發達地區和偏遠地區提供了通信能力。

第二代行動通信使人類進入數位通信時代，不僅可以傳輸語音，還可以傳輸短訊息形式的文字訊息，通信的品質更高，也更安全。

第三代行動通信使人類進入數據通信時代，手機從打電話的工具變得更加智慧化，可以實現更多的功能。

第四代行動通信意味著行動互聯網時代的到來，位置、社交、行動支付這些全新的能力大大改變了人們的生活。行動支付、行動電子商務的爆發，現金使用量的減少，社會訊息溝通能力的大幅度提高，給人類社會帶來許多有價值的變化。

第五代行動通信將會提供改變世界的新力量，除了高速度之外，低功耗、低延遲、萬物互聯這些能力是前所未有的，它們為大數據、人工智慧等新能力提供了基礎。

5G 是當今這個時代集中了半導體、通信、人工智慧、智慧硬體、新業務與應用的一個全新的體系。它會給社會帶來能力和效率的提升，給經濟、文化和網路安全帶來挑戰，給傳統的

營運體系和相關行業帶來深遠的影響。

對於 5G，用更加開放的心態進行討論和研究，釐清發展的軌跡，瞭解業務與應用，分析帶來的影響，十分有必要。

5G 不僅是一項行動通信技術，更是影響人類進步與社會發展的一支重要力量。弄清楚這支力量的來龍去脈，可以更好地把握人類社會發展進程，瞭解技術對於經濟、文化的影響。

二〇二〇年，5G 將進入商業化，人類改造世界有了更新的技術力量。希望 5G 技術能被世界更多的地區接受，用於人類和平，用於縮小數位鴻溝，用於提升經濟、文化水準，用於綠色環保事業。

很長時間裡，通信技術給人類提供的主要是基本通信能力，通信與傳統產業和服務業的融合還有一定距離。5G 會滲透到社會生活的每一個角落，重新定義傳統產業，提高效率，降低成本，讓世界變得更加美好。隨著智慧感應、大數據、智慧學習能力的整合，5G 會提高人類的物質生產能力，繼而對哲學、道德、文化產生重大影響。

以往關於 5G 的圖書大多是從技術角度進行研究的。項立剛先生《5G 時代》這部著作，不僅讓讀者對 5G 有了大致的瞭解，而且重點分析了 5G 對通信產業和傳統行業的深刻影響。目前這方面的探討與研究不多，《5G 時代》一書適時出版，非常有意義。

國際電信聯盟秘書長　趙厚霖

前言

每一次行動通信技術升級時，都會有一種聲音傳來，消費者需要嗎？3G 到來時，就有很多聲音說消費者使用手機，打電話發短訊就行了，不需要上網。4G 到來時，又有很多人認為3G 頻寬夠了，投資還沒有收回來，為什麼要搞 4G？如今，5G即將到來，依然不缺少這種聲音。

5G 不僅是一項技術，還是通過技術形成的一種改變世界的力量。

當互聯網到來，我們討論如何縮小數位鴻溝時，如果僅僅是討論，既不能讓網路覆蓋到偏遠地區，也不能讓貧困人口買得起電腦，學會電腦的使用和操作。不少慈善計劃僅是紙上談兵和表面文章。

4G 到來後，「村村通」工程讓中國絕大部份地區覆蓋了4G 網路，便宜的資費，便宜的智慧手機，一夜之間讓偏遠地區的普通人也進入了網路時代。社交、電子商務、行動支付這些曾經被認為是高端人群使用的應用，進入了平凡人的生活。一個村所有人都在一個群裡，從紅白喜事到應徵訊息，都可以拿來共享，甚至可以討論一下牛肉餃子怎麼包，這才是真正意義上的縮小數位鴻溝，而做到這一切依靠的是網路的基礎能力。

這是一本關於 5G 的書，但著眼點不是要說清楚 5G 的技術，因為解讀 5G 技術的圖書已經有很多，我自己也不是技術專家。

本書是希望探討在一個全新的網路體系下產業的發展與改變，以及 5G 對社會與經濟的影響。

　　不久前，在一次活動結束後，和一位中國頂級學府的知名經濟學家一起用餐，我聊起六次訊息革命改變人類進程，以及以 5G 為基礎的第七次訊息革命對整個社會的影響，聊著聊著，這位經濟學家拿出手機開了錄音。吃驚之餘，我終於知道今天的很多人對社會、經濟、技術等很多方面的認識是脫節的，很長時間以來，許多中國的經濟學家們都在複製一百年前甚至更久遠的經濟理論，再往今天的中國身上套。他們對經濟理論研究的創新探索不夠的一個重要原因，就是脫離社會實踐，對於技術變化及社會生產能力提升帶來的社會心理變化和經濟關係變化研究不夠。這個世界技術變了，經濟能力也變了，經濟理論亦應與時俱進。

　　基礎設施建設、產業群聚能力、重大技術變革都會極大地影響生產力，最後影響經濟、社會、文化。5G 作為人類歷史上資訊科技能力的最新發展，對於整個社會的影響是深遠的，它除了提供基本的人與人之間的通信功能之外，更是把通信能力延展到人與機器，成為智慧互聯網的基礎。

　　因此，除了技術之外，還需要對產業、業務、應用，甚至對經濟、文化進行探討，相信這些技術的提升，會影響社會結構甚至人類的未來。

　　這個世界是綜合而複雜的。如今經常在說物聯網、人工智慧、大數據，如果沒有一個強大的、效率很高的、能隨時隨地

提供支撐的通信能力，這些技術就會很多年沒有進展，或者說不太可能走進一般人的生活。一旦通信能力解決，並且與這些能力整合起來，就會形成一個全新的網路體系，這就是智慧互聯網。智慧互聯網不是傳統的互聯網，但以互聯網為基礎，它給人類帶來的變化會更大，也更具革命性。

智慧互聯網這個詞差不多是五年前和英特爾大中華區總裁楊旭一起聊行業時，我們共同提出的概念。那時，我們感覺不太能分清傳統互聯網、行動互聯網和智慧互聯網。今天這個分野越來越清晰了，傳統互聯網是以個人電腦（PC）為核心終端，主要用於訊息傳輸，服務是輔助能力；行動互聯網是以智慧手機為核心終端，主要為生活服務，社交、行動支付、位置是它的核心能力；智慧互聯網則會把生活中的各種設備變成終端，它不僅提供生活服務，還會為公共管理提供便利，甚至參與到生產製造當中去，而至於它有哪些核心能力，還需要一步步釐清。

這裡不可能把 5G 的一切都講清楚，但是我的思路是帶著大家跳出技術本身，在瞭解基本技術和特點的基礎上，分析 5G 對這個生態鏈上所有領域帶來的衝擊和影響，包括對未來經濟、社會甚至思想文化的影響。今天，5G 的大門剛剛開啟，有很多方向肯定是看得不夠明晰，但是我希望這種分析會給大家一定的啟發。

此書的形成，得益於我在給中國電信業上百次的講課中，大量專家和專業人士給予的很多啟示。而與英特爾、愛立信、諾基亞、華為、中興、大唐等企業專業人士進行密集的交流溝

通，到高通這樣的公司進行關於 5G 的系統培訓，更是讓我對 5G 有了更多的認識和理解。此外，與工信部、電信公司及相關研究院的領導也有很多交流，書中的很多行業訊息正是來自與他們的溝通，感謝所有業內的朋友們。

本書大半內容由我自己撰寫，部份內容則是在幾次長時間採訪後，由李立、楊良、王潔蕊、黎明等人根據採訪內容寫成，然後由我再校訂。感謝參與本書寫作的幾位朋友。當然，還要特別感謝優質內容營運機構「考拉看看」的馬玥女士、姚茂敦先生，是他們認真而負責的努力，讓本書最終得以順利出版。最後，還要謝謝出版社的編輯老師。

希望本書能為你打開一個全新的世界！

目錄

Chapter 4　後 5G 時代的人類社會　217

Chapter 1

5G 是第七次訊息革命的基礎

資訊科技的發展改變人類

　　獲得訊息的能力，是人類獨創的奇蹟，也是改變人類的根本力量。

　　當猿猴還是猿猴的時候，牠與一隻羊羔並無本質區別。但猿猴最後卻進化成了人類，很大程度上在於猿猴與其他動物獲取訊息的能力不同。

　　低等動物之間也存在著訊息交流，但方式十分單一：基本依靠簡單的音節和肢體語言，因此，傳達出的訊息量非常少。動物之間無法進行複雜訊息的傳輸，尤其是情感上的表達，這是牠們與人類最大的不同。然而，猿猴卻走上了一條截然不同的道路：從最初的爬行到直立行走；製造了工具，形成了語言這套更複雜的聲音傳輸系統，語言的產生讓訊息更加豐富。隨著語言體系的逐漸完善，人類社會的資訊科技發展開始了階段性的革命歷程。

語言成就人類

　　語言成就了人類，進而造就了人類社會。

　　《聖經·舊約·創世記》記載，上帝與人類約定，以彩虹為記號，不再發洪水危害大地，於是人類自此都以亞當語進行交流。隨著諾亞的子孫增多，人們開始向東遷移，最後選擇古

巴比倫附近的示拿地安頓。

　　所謂「居安思危」，這時人們疑惑了：以後真的不會再有洪水氾濫了嗎？雖然上帝做了承諾，但我們沒必要一味把希望寄託於此。經過商量，人類決定找尋別的棲息地，以防災害再次來臨而無處可逃，於是齊心協力開始建造著名的通天塔（The Tower of Babel，也稱巴別塔），他們要讓塔頂直通天國。由於人們語言相通，訊息溝通毫無障礙，建造工作進行得十分順利。然而，此事觸怒了上帝，為了懲罰狂妄自大的人類，上帝打亂了人類的語言。沒有了共同的語言，訊息交流不暢，人們只得各自分散，通天塔的建造就此廢棄了。

　　這便是西方著名的通天塔的典故，它表明訊息傳輸的失敗導致了人類合作的失敗。語言的產生是人類歷史上的第一次訊息革命。眾所周知，人類的語言並非世界上唯一的語言，動物們也都有各自的交流方式，比如昆蟲和鯨魚。但最終，以語音為重要載體的語言卻幫助人類征服了世界，歸根結柢，在於人類本身的特殊性。

　　尤瓦爾‧赫拉利（Yuval Noah Harari）所著的《人類簡史》（*Sapiens: A Brief History of Humankind*）中提到，距今七萬到三萬年前，隨著猿類的不斷進化，其大腦出現了新的思維和溝通方式，掀起了一場認知革命：「某次偶然的基因突變，改變了智人大腦內部的連接方式，讓他們以前所未有的方式來思考，用完全新式的語言來溝通。」雖然動物也有語言中樞，但人類在進化過程中，由於大腦也跟著不斷進化從而有了思維和訊息

溝通，最終從低等動物演變成高等動物，擁有了較為發達的智力，進而演化出了屬於自己的一套社交屬性，這是人類語言區別於動物語言的根本原因，也是人類社會最終成為世界主宰的重要因素。

較之動物，人類的語言具有多重功能，且運用十分靈活多變，其中最重要的功能就是訊息的分享：如果猿猴發現前方有來自猛獸的威脅，牠會把這個訊息告訴給其他的猿猴，讓大家可以採取防範措施。然而，一頭豬如果發現同樣的情況，卻由於沒有較為複雜的可以分享的訊息傳輸系統，因此無法清楚地將危險告訴給其他同類。這個對比已然說明，低等動物的生存經驗無法分享，而猿猴對世界的認知和經驗，不僅可以自己擁有，還能分享給同類。照此發展所產生的結果令人欣喜：一隻猿猴對世界的認識雖然有限，但眾多猿猴如果將各自的認知分享出來，訊息就具有很大的價值，而語言就是幫助訊息分享的載體，也促進了猿猴的進化。對於初為人類的猿猴而言，語言的優勢實在神奇無比。

語言是如何產生的？直到現在這仍是一個未解之謎，最宿命論的說法就是以上的《聖經》通天塔之說和認知革命說。針對英語語言，後來又有了三大語言學家的三種不同流派，分別是索緒爾（Ferdinand de Saussure）的結構主義說，喬姆斯基（Avram Noam Chomsky）的轉換生成語法說，以及韓禮德（M. A. K. Halliday）的系統功能語言學說。

上述幾位語言學大師為世界語言學說做出了重大貢獻，但

未解之謎依然存在，雖然無法加以深度探索，然而綜合這幾位大師的觀點和著名語言學家胡壯麟教授的看法，人類語言具有創造性、移位性、文化傳遞性、互換性和元語言功能（即用語言討論語言本身）。人類語言不僅能夠傳遞現有的訊息，還具有「討論虛構事務」的功能，也就是可以用語言說出對未來的想像，還可以編故事等。這些特性足以讓語言幫助人們在地球上建立起各種社交活動、工作學習合作機制、社會科學體系等。

　　最早的聲音並不是來自生物的發聲器官，而是透過生物的身體部位與流體作用偶然發出的，動物們聽到以後，產生了類似於「練習」的行為來模仿、控制牠們所發出的聲響。而發聲器官的進化也隨著動物對聲音掌控的優化而優化，控制一切活動的器官則是動物的大腦，其中，人類的大腦尤為發達。比起低等動物，人類的大腦可以將視覺記憶儲存為圖像，形成自己的資料庫，需要輸出的時候，再將腦中的資料庫調出來，在大腦裡將這些具象訊息變成訊息流，最後透過語言傳遞給其他人，完成語言訊息的傳遞。

　　在語音形成的初期，語言傳播訊息的特點其實並未發揮太大的作用，人類僅靠一些簡單的詞彙進行交流。隨著原始人類看到和接觸到更多的事物，現有詞彙已經無法滿足他們的表達需求，於是就開始陸續出現新的詞彙來指代某一個物品。當新詞彙層出不窮，已經發展到十分冗雜的階段時，漸漸就出現了句子結構，並對原有詞彙進行了精簡和優化。雖然如今的訊息傳遞已經有了多樣化的手段，但不可否認，正是語言的產生為

人們帶來了訊息構建的基礎，從而讓人們可以藉此進行複雜的社交生活，也讓人類大腦不斷隨之進化，優化自己的思維能力，進一步完善其行為能力。

在文字出現以前，語言作為唯一的訊息傳遞方式主要就是依靠聽覺，而傳播語言的載體就是人類的發聲器官，由發聲器官發出的聲波透過空氣傳播變成了聲音，接收終端則是人類的聽覺器官。

以語言為開端，人類正式與低等動物區別開來，成為了真正的「智慧生物」。語言的產生開啟了第一次訊息革命，人類社會也由此構建。

在完全沒有行動通信，也完全談不上電力的上古時代，語言傳遞訊息的環境十分受限：訊息的發送者和接受者都必須是人類，而且必須是面對面的傳輸，訊息互通的時間和空間都受到嚴格限制。雖然訊息傳達品質很高，可一旦變成遠程操作，就會出現問題，哪怕是在當今社會，只要是口耳相傳的訊息，最終幾乎都會走樣。

口傳訊息的弊端所造成的悲劇，在奴隸制社會已經司空見慣。十六世紀末，英國戲劇大師莎士比亞借古諷今的巨作《尤利烏斯・凱撒》（*The Life and Death of Julius Caesar*）問世，淋漓盡致地展現了在羅馬奴隸制的社會環境下，統治階級、貴族對於話語權的掌控所釀造的歷史悲劇。功勳蓋世的凱撒（Julius Caesar）掌握羅馬統治大權，在即將稱帝的時候，其執政官、共和派代表凱歇斯（Cassius）聯合其他貴族，說動了凱撒身邊頗

有權勢的執政官布魯托斯（Brutus），謀劃刺殺凱撒的行動。行動成功以後，凱撒的心腹安東尼（Marcus Antonius）假意與共和派修好，布魯托斯一念之仁，允許安東尼在羅馬民眾中發表演講。豈料，安東尼藉著演講的契機，煽動羅馬民眾，引起眾百姓對共和派的仇視，造成動亂。凱歐斯和布魯托斯被迫逃亡，最後自殺。

　　在資訊閉塞、百姓思想受到箝制的奴隸制社會，輿論的煽動成為統治階級對大眾洗腦的有力工具。當凱撒死於共和派的刀下時，全城動亂，布魯托斯站上舞台告知大眾，凱撒是如何獨裁和如何凶殘的，如果讓他稱帝，羅馬將陷入黑暗統治。布魯托斯慷慨激昂的語氣、義正詞嚴的態度，讓驚慌的羅馬民眾瞬間團結起來，他們高呼「布魯托斯」，憎惡凱撒的惡行，認為他死有餘辜。然而，當布魯托斯離開以後，安東尼登上舞台，表達對凱撒的沉痛悼念，歌頌共和派的正義行動，在博取大眾共鳴之時，趁機循循善誘，將矛頭反轉指向共和派，並出乎意料地開始將凱撒的種種英雄之舉娓娓道來。在百姓們處於茫然的關鍵時刻，安東尼掏出一卷羊皮紙，稱是凱撒的「聖旨」：要將自己的田地、資產全部贈予百姓。這毫無疑問是安東尼的撒手鐧，那卷羊皮紙其實什麼都沒寫，但民憤早已激起。羅馬百姓們開始沉痛懷念凱撒，為他歌功頌德，並攻擊共和派中參與刺殺行動的貴族，最後釀成悲劇。語言的力量可見一斑，由語言傳輸所帶來的效果非常強烈，但它的弊端也在這部劇裡表露無遺。

當人類社會開始以後，對於遠程訊息互通的渴求和對於異國語言互通的願景也隨之而來。

回到《聖經》通天塔的故事。《聖經》作為西方人文學科的必備讀物，至今仍為西方文學和藝術創作貢獻各種靈感。通天塔的典故自然也成為電影人的創作源泉。二〇〇六年十一月，電影《火線交錯》（*Babel*，又譯《巴別塔》）在美國上映，獲奧斯卡多項提名。電影敘事手法獨特，將觀眾置於上帝視角〔也稱全知視角（Omniscient Perspective）〕，卻在影片裡呈現多重半知視角，展現了強烈的戲劇張力和對事件的精巧敘述。故事雖然發生在現代社會，但依然藉助通天塔的宗教隱喻，傳達出對因訊息溝通不暢而導致各個國家人類家庭的悲劇的擔憂。但與通天塔典故不同的是，開頭和結尾略有顛倒之勢：《聖經》中的故事，是人類由溝通順暢到語言不通、溝通不暢而引發失敗；而電影《火線交錯》則是各個國家的人們在語言不通、溝通失敗而引發家庭悲劇的情況下，逐漸相互交流和理解。可見，無論故事是什麼樣子，人類對於資訊互通的願望一直存在。因為它是提高社會工作效率和構建社會和諧人際關係的關鍵所在。當上古時代的語言傳遞已經無法滿足人類社會對於遠程訊息交流和打破時間、空間的要求時，文字出現了。

文字創建文明

在文字發明以前，人們如果需要記事，就採用結繩等方法。

「上古無文字，結繩以記事」，上古時代的中國人和秘魯印第安人都有結繩記事的習慣，並且各自有一套十分系統甚至複雜的記錄方法。單靠語言傳輸會造成誤傳，這是由語言訊息的不穩定性引發的。如果需要將某些訊息一代一代地傳承下去，就必須要有可以承擔這個任務的新載體。文字的出現解決了這個問題，讓訊息不僅能夠分享，還能記錄。

世界上最早的文字可追溯到大約公元前三千年，古埃及的聖書字和兩河流域的楔形文字記錄了古埃及帝國、古巴比倫王國和古波斯王朝的歷史故事。這兩種文字在公元前後已經絕跡，但在近代考古學家的探索下，它們重見天日，如今已進入博物館，作為文字史上的重要見證而存在，堪稱文字的化石。

中國最早的文字起源於何時，已難以考證。商代出現了刻在龜甲和獸骨上的文字，也就是甲骨文。同語言產生之宿命論說法類似，文字的發展也有迷信之說，然而卻又和語言迥然不同：文字的推廣，巫師在其中扮演了重要角色。

上古時期中國就出現了巫師。在物質匱乏、精神缺失的奴隸社會，巫師的出現在某種程度上給予人們一種信仰寄託。從唯物辯證法的角度來說，宗教這種比較虛無的學科，其實只要應用得當，是有利於社會和諧的，而早期的巫術也是如此。

最早發現的甲骨文主要記錄的並不是歷史，而是吉凶。到了商周時代，巫術已普遍成為統治階級的工具，而巫師的地位也從平民百姓躍升為統治貴族。現在的影視作品當中，也依然能看到巫師在古時統治階級心目中的重要地位，如韓劇《擁抱

太陽的月亮》、大陸劇《琅琊榜之風起長林》等。這些巫師雖然說不上殺伐決斷，但他們憑藉自己廣博的學識、巨大的聲望來取信於人，並且巫、史不分：春秋戰國時期，許多史官都善於占卜。正是由於百姓對於神鬼的深信不疑，作為神鬼代言人的巫師自然也推動了文字的發展，因為他們除了占卜，也負責加工整理原始文字，使之成為成熟的文字並流傳下去。巫術的發展和巫師的社會地位對於文字的推廣做出了很重要的貢獻。

在中國漫長的歷史進程中，經過無數先輩的努力，文字歷經了甲骨文、金文、大篆、小篆、隸書、草書、楷書、行書等階段。在春秋戰國時期，由於經濟文化的繁榮昌盛，大篆和六國古文作為中國文字得以廣泛應用；秦始皇統一中國後，小篆統領全國文字，並在之前的基礎上作了簡化處理。文字作為一種遠程訊息傳輸工具，讓我們對世界的理解有了傳承的力量，讓古代的老百姓能夠瞭解到文藝界和政治界的大事：無論是春秋戰國時期的孔孟韓非那深刻的哲學思想，還是一國之主發佈的詔令，哪怕是大字不識的平民百姓，也能通過文字和語言的傳播知曉一二。與此同時，民間的言論和百姓的生活則透過語言相傳逐漸編成歌謠，這些歌謠後來也被整理成了文字，傳到統治階級耳邊，進而也促進了官民之間的相互瞭解。

這些歌謠先在民間口耳相傳，後來逐漸以文字記載的形式流傳下來，形成了中國最早的詩歌總集《詩經》。

《詩經》的形成，橫跨西周初年至春秋時期，前後歷經五六百年，最終成書於春秋中期。早期的《詩經》以篆體字記錄。

這部璀璨精妙的中華經典內容豐富，上至貴族文人的宗廟樂歌，下至平民百姓的農業勞作，毫無疑問是中華文明的瑰寶。今天之所以能讀到這部經典之作，歸功於它背後無數的華夏子民和推動它流傳的學者官員，因為《詩經》的傳承，在資訊落後的上古時期是一項龐大的工程。

《詩經》中的大部份詩作來自民間，單搜集工作就困難重重：百姓口耳相傳的範圍十分廣泛，以黃河流域為中心，南至長江北岸，再擴展到江漢流域。其次，這些口傳民謠的搜集歷時長，文字整理也很緩慢：在毛筆和造紙術發明以前，文字都是刻在簡牘和絲帛上，耗費巨大的人力和物力。幸運的是，由於採詩官們的辛勤和耐心，這些困難最終得以克服。

《詩經》的成書和流傳，離不開它背後的功臣們。

第一位是西周採詩官尹吉甫，除了採集和編纂以外，他還參與了《詩經》的一些篇章創作。到了春秋時代，出現了一位老師，他對《詩經》進行了修訂，並以詩教授，在他的弟子中廣為流傳，影響力巨大，這位老師名曰孔仲尼，即大名鼎鼎的孔子。

孔子修訂和編纂了《詩經》以後，由弟子「七十二賢」之一的子夏擔任傳承的重大使命。到了西漢時期，先後有申培公、轅固生、韓嬰繼續傳詩，傳下去的詩篇分別稱為齊詩、魯詩、韓詩，合稱「三家詩」。三家詩先後失傳，至今僅存十卷韓詩。

現在讀到的《詩經》，是毛公傳下來的「毛詩」。在前人編纂的基礎上，毛詩的全書有一篇序言，被稱為「大序」，每

一篇詩下面都有小序，作用是介紹本篇內容、意旨等，被稱作「毛詩序」。這些序言是中國第一篇詩歌理論的專論，為後來中國詩歌的理論發展奠定了基礎。雖然「毛詩序」和「大序」在當時引起了些許爭論，但它們是文字發明以後，訊息得以傳承和總結的結晶。正是由於有了這些結晶，才奠定了中國儒家詩學傳統的開端，書寫了中國燦爛的古代文明。

比起單靠語言的面對面同步傳輸，文字的應用打破了時間和空間限制，引發了第二次訊息革命。

中國漢字字體，於東漢末年正式宣告以行書收尾，完成了其發展之路。

文字的成熟和廣泛應用，為人們的訊息記錄和通信帶來了重要突破。古時的人類社會主要將文字用於信件、歷史記載等重要事宜上，配合語言傳播，讓第二次訊息革命得以蓬勃發展。早期人類以各種石器、金屬工具作為書寫用筆，後來西方有羽毛筆，中國有毛筆。在造紙術尚未出現和不成熟之時，西方人將文字寫在羊皮卷和紙莎草上，中國則用簡牘和絲帛作為文字載體。絲帛雖輕巧，但不易得到，價格也十分昂貴，因此古人多用簡牘，其中以竹牘、木牘居多。藉助簡牘上的文字，加上古人的勤奮，許多歷史訊息和文學作品雖然在落後的傳播技術下緩慢流傳，但也幸而得以保存。依靠文字記載，人類文明不斷開疆拓土，留下許多珍貴文獻，流傳至今。

其中令人頂禮膜拜之作，當屬《史記》。

《史記》集歷史性和文學性於一身，其為中華歷史文化所

做出的卓越貢獻世人皆知，但它背後的成書過程和傳遞經歷則無比艱辛。漢武帝太初元年（公元前一〇四年），漢朝修史官員司馬談臨終之時，將撰寫史書的遺命留給兒子司馬遷。子承父業，而又勵精圖治，司馬遷秉承父親遺願通讀史料，遊歷全國搜集相關資料。創作期間，這位史學家磨難重重，經歷了創作的艱辛和政治酷刑。他耗費十多年的光陰進行撰寫，又繼續耗費另一個十年進行修改，用盡畢生心血終於成書。由於書中有不利於漢武帝的評論，成書之後，司馬遷不得不小心翼翼地將其藏匿，使其不在民間流傳。直到漢宣帝時期，司馬遷外孫楊惲上書皇帝，該書內容才開始在民間逐步為人知曉。

《史記》的問世，無疑是中華文明史上的一個里程碑，該書的史料搜集耗時多年，撰寫又花了十多年，成書前後總耗時二十多年。在造紙術還未大規模出現的西漢時期，司馬遷用毛筆寫在簡牘之上。五十多萬字的紀傳體通史，共耗費兩百四十萬片竹簡。在如今書籍印刷便利，並常配有電子版本的現代社會，一個稍大些的旅行背包甚至一個極輕的 Kindle 電子閱讀器便可裝下這一鉅著，而在那個時期卻可裝滿很多輛馬車，佔據藏書閣很大的空間。由於最早的版本是以簡牘為載體，加上篇幅鉅大，許多篇章已經失散，損毀不可避免。雖然楊惲為該書的流傳不遺餘力，但在傳播手段和資訊尚不發達的漢朝，《史記》的流傳猶如細流一般在夾縫中緩緩流淌。

歷史就是如此有趣：舊的東西正在消逝，新的東西正在破土而出。

當人類有了比之前記事方法更為先進的文字，便摒棄了落後的結繩方式，創建了人類文明；而簡牘和絲帛作為文字的載體，隨著更先進技術的出現而退出歷史舞台，這種更先進的技術就是印刷術。

印刷術推動古代文明

訊息的遠距離傳輸，即便在需求並不太多的古代，人類的這個願望也一直存在。為此，智慧的古代人民絞盡腦汁開創了很多遠程傳輸的方法，比如狼煙、烽火、驛站快馬和信鴿。

西周時期，用烽火台傳遞訊息的方法已經成熟：從國都到邊境，沿途建立烽火台，用於軍事訊息傳遞。當有敵人入侵時，哨兵會點燃烽火，讓周圍城池的守衛軍隊看到，他們再依次點燃烽火，將訊息進行遠程傳輸，援軍便及時奔赴前線支援。毫無疑問，它是當時國家軍事要塞，事關生死存亡。

穿過歷史煙雲，周幽王烽火戲諸侯的典故流傳至今。周幽王的寵妃褒姒不愛笑，為博美人一笑，周幽王聽信奸佞之臣虢石父的讒言：點燃烽火。狼煙四起，諸侯一見，以為天子告急，迅速率重兵前來救駕。到了以後，卻不見任何敵軍，只看到周幽王與褒姒在飲酒作樂。群臣慌亂，此場景被褒姒看到，不禁一笑。周幽王大喜，此後多次用同樣的方法取悅褒姒。於是，狼來了的故事上演，後來敵軍真的攻佔國都鎬京，烽火台點燃狼煙救急之時，卻沒有人再來，周幽王被殺，褒姒被俘，西周

滅亡。這是古代遠程訊息傳輸最經典的故事。到了印刷術時代，人類社會實現的不僅是遠程傳輸，還有訊息的大量傳輸。

　　印刷術的產生，離不開造紙術的發明。在使用笨重的簡牘過程中，人們不斷探索新的文字載體以進行更為便利的訊息傳遞。最早的紙以破布、舊漁網和麻繩頭為原料做成，這種纖維紙由於做工粗糙，無法用於記錄書寫。到了東漢中期，蔡倫用樹皮對原有的紙進行了改良，製作出著名的「蔡侯紙」，並予以傳授，使之從河南向各地流傳。

　　東漢末年，三國兩晉，歷史在變革的同時，也為文化發展帶來一個又一個黃金時代。春秋戰國，哲學思想百家爭鳴；兩晉時期，書畫名家層出不窮。以東晉書法家王羲之為代表，作品不斷，也由此推動了書畫用紙的大力發展。這時的造紙原料加入了麻和楮皮，提升了書寫紙的品質。

　　唐宋時期，詩詞鼎盛，竹紙興起，在文人墨客中大受歡迎，紙張種類也走向了多樣化：除了竹紙，還有麻紙、皮紙、籐紙，且製作技藝不再單一。原料的選擇也擴大到了竹漿、稻稈和麥草。

　　由於造紙術的發明，訊息記錄的成本大大降低，《史記》等作品的傳播速度終於得以提高，人們可以手抄圖書將其流傳下去。

　　清代中期，手工造紙技術已經非常發達，紙張質量上乘、品種繁多，加上人們希望訊息可以傳得更遠，為第三次訊息革命提供了堅實的後盾。

　　歷史在不斷演進，隨著時間的推移，人們對訊息傳遞提出

了更高的要求，印刷術呼之欲出。

　　基於印章雕刻的靈感，中國最早使用雕版印刷術，以堅硬的木頭為原料雕刻出反字，再著墨、刷抹。這種印刷術所成之書樣式精美，現留存下來的《金剛般若波羅蜜經》雕版印刷品依然還能被現代人所看到，一些博物館也設有雕版印刷體驗活動供遊客親自操作，以體會中國古代技藝的精湛。比起手抄書冊，雕版印刷術無疑大大加速了書本成品的製作速度，提高了訊息傳輸效率。然而，其弊端也是顯而易見的：每一種書必須雕刻一套印刷版，成本高，佔用空間大，而且印刷色料容易混雜，導致色塊界限分明。為了解決雕版印刷所造成的各種問題，有人發明了活字印刷術。

　　北宋慶曆年間，平民發明家畢昇用膠泥首創活字，發明了活字印刷術。作為中國四大發明之一，活字印刷術解決了雕版印刷術的弊端，並且可以反覆使用，排版比之前更為靈活。基於活字印刷術的技術思路，元代王禎以木活字替代膠泥活字，又發明出輪轉排字架，之後又陸續有了錫活字、鉛活字等等。活字印刷術的產生，讓訊息革命再次發生重大轉折。得益於宋元時期的中歐文化交流，活字印刷術逐漸流傳到了歐洲，進而引發全世界資訊傳遞技術的變革，古代文明盛況空前，傳統出版體系也正式形成。

　　印刷術起源於中國，量化使用卻在西方。

　　當唐朝的麻紙技術傳到西方國家之後，成本昂貴的羊皮紙逐漸被廉價的麻紙取代。令人唏噓不已的是，當中國逐漸走

向閉關鎖國之時，西方的工業革命卻強勢興起，造紙技術從手工製作發展成機器生產。當印刷術流傳到西方以後，西方人開始想辦法使之量化。一四五五年，德國人古騰堡（Johannes Gutenberg）發明鉛活字，之後成功實現機器印刷技術，訊息傳遞效率取得了質的突破。所謂「時勢造英雄」，印刷機器的大量使用，恰逢歐洲文藝復興。自此，歐洲經濟、科技、宗教、文學、藝術等方面的發展呈爆炸之勢，迅速席捲整個西方資本主義社會，為豐富人類世界文明寶庫做出了巨大貢獻。

印刷術的發達，將訊息進行大量遠距離傳輸，使承載著知識內容的書籍得以批量生產，快速流入社會。成本的下降，使平民百姓得以從書籍中獲取知識和思想。在沒有電視，甚至連電都沒有的西方社會，人們對於資訊的獲取主要來自書本、報紙和信件，並藉由書籍裡承載的訊息內容影響自己的日常生活。

當英國戲劇成為文學主流之時，戲劇作家大量湧現，劇本也編輯成書出版，進入大眾視野。經過黑暗的中世紀和晦暗的斯圖亞特（Stuart）王朝復辟的歲月，處於亂世中的人們靠閱讀書籍聊以慰藉心靈，以家庭為單位，開展戲劇表演娛樂活動，或是將書中的內容以朗讀的形式愉悅親友，讓人們根據書上的訊息瞭解當時的政治和社會狀況。印刷出版業的成熟運作讓訊息成功實現遠距離傳輸，打破了地域的限制，讓人們能讀到異國作品，並加以吸收，促進本國文化的發展。英語文學之父喬叟受義大利詩人但丁《神曲》（*Divina Commedia*）的啟發，創作出《百鳥會議》（*The Parliament of Fowles*），受薄伽丘《十

日談》（*Decameron*）的影響，創作出經典的《坎特伯雷故事集》（*The Canterbury Tales*），至今影響深遠。到了十八世紀小說鼎盛時期，許多名家將當時的社會現象寫成小說廣為流傳，用自己的思想啟迪大眾，完成大眾傳播的使命。

書籍作為第三次訊息革命的重要載體，不僅影響了人們的生活方式，還促進了新思想的發展。十九世紀中期，英國著名作家夏綠蒂‧勃朗特（Charlotte Brontë）的名作《簡愛》（*Jane Eyre*）出版，震驚文壇。彼時，英國經伊麗莎白一世（Elizabeth I）的統治後已成為日不落帝國，但女性的地位仍然十分低下：幾乎沒有多少工作機會提供給女性，女子也沒有繼承權。而《簡愛》以女主人公繼承了一大筆遺產，並掌管羅徹斯特先生的莊園結尾，這在當時十分大膽，甚至大逆不道。該小說的問世引起巨大轟動，標誌著女權主義的開端，此後陸續有女作家嶄露頭角，透過自己的筆向廣大讀者傳達女性意識的覺醒。回顧歷史，不得不驚訝於訊息革命對人類社會的精神層面影響之深遠，而印刷術的發達得以讓曾經的優秀之作重見天日。

這其中最具代表性的一個例子，就是美國意象派詩人艾米莉‧狄更生（Emily Elizabeth Dickinson）的詩作。

狄更生一生孤獨，雖然家世顯赫，錦衣玉食，但她從二十五歲開始就獨守深閨，閉門不出，過著與世隔絕的生活，遭到世人的誤解。狄更生死後，她的妹妹拉維尼亞（Lavinia Norcross Dickinson）偶然發現她遺留下來的大量書稿，書稿中藏著一千多首詩作，方才知曉姊姊生前對於文學創作的極大熱

情。為了讓這些詩作出版，拉維尼亞各方奔走，終於在陶德（Mabel Loomis Todd）與當時著名的雜誌編輯希金生（Thomas W. Higginson）合力於一八九〇年出版了狄更生的詩集。詩作問世後，文藝界才認識到這位天才詩人的創作才華。狄更生詩作展現出來的清新的意象、深沉的思想和獨特的風格，打動著世人的心，一時好評如潮。

　　無獨有偶，《史記》的作者司馬遷在生前並未看到自己的作品流傳於世，在訊息傳輸落後的古代，《史記》的成書與出版時隔了好幾個世紀；而相比之下，狄更生在死後僅四年的光景，詩作就在發達的印刷技術助力下廣為流傳。如果沒有造紙術和印刷業的繁榮，恐怕狄更生的詩作會永久被埋沒，只能在家人中互相傳閱誦讀，而西方文學界將會遺落一位與莎士比亞、托爾斯泰比肩的世界文豪。

　　第三次訊息革命毫無疑問是訊息革命史上濃重的一筆，人們通過文字和紙張實現遠距離通信，藉由閱讀書籍瞭解社會事件，有了多樣的娛樂，也有了偶像崇拜的現象。時至今日，在英國人深深的懷舊情結中，十八世紀前後是他們最嚮往的時代。在訊息傳遞爆發期，人們日益增長的需求不斷催生出更快捷的傳播方式，當人們迫不及待地等待回信，又百般焦急地擔心信件在遞送途中是否遺失的時候，無線電登場了。

無線電引領近代文明

作為第三次訊息革命的傳承，用書籍和紙張傳遞訊息的方式直到現在仍在廣泛使用。然而，無論是信件郵寄，還是書籍出版，都存在延時的問題：信件從發出到接收需要好些天，甚至長達幾個月；書籍從寫作、修改、定稿到出版，需要的週期更長，而這種延時的問題日漸難以滿足人們對於訊息的迫切需求。無線電的出現實現了訊息遠距離即時傳輸，讓人類社會告別了以往傳統的生活方式，登上近代歷史的階梯。

在講無線電通信之前，首先得說說電的產生。

從古代開始，就不斷有人探索「電」，但幾乎都走向了神鬼之說。真正開始對電的科學探索大約是在十八世紀的西方社會，以美國著名科學家、政治家富蘭克林（Benjamin Franklin）為開端。富蘭克林根據對天空閃電現象的研究，提出「電流」的概念，探索地面上是否也存在和閃電同種性質的電。他廣為人知的風箏實驗讓此說法得到了充份的印證，並根據實驗中的金屬導體引流原理，發明了世界上第一枚避雷針。

風箏實驗在西方世界引起極大的轟動，它證實了電流的存在，也為人們繼續探索帶來了曙光。一七八〇年一個有閃電的日子裡，一位義大利解剖學教授伽爾瓦尼（Luigi Galvani）偶然看到解剖桌上一隻青蛙的腿發生了痙攣，於是滿腹好奇，開始了長達十多年的研究，通過研究發現，這種現象是一種電流回路，他認為青蛙之所以發生痙攣現象是因為動物身上本來

就有電的存在。一七九一年，伽爾瓦尼發表了關於蛙腿痙攣的研究成果，引發科學界轟動。然而，義大利另一位科學家伏特（Alessandro Volta）則對伽爾瓦尼的觀點產生了質疑，他認為電不存在於動物的肌肉中，而是在金屬中。一七九九年，伏特經由實驗製造出世界上最早的電池，即伏特電池，相關論文在一年後於英國皇家協會發表。

電學的重大突破，也在這時悄然而至。

一七九一年九月二十二日，一個男嬰降生於英國薩里郡（Surrey）一個鐵匠家裡，由於家境貧窮，因此他只好靠自學求取知識。十四歲時，他成為書本裝訂商及書商喬治・雷伯（George Riebau）的學徒，並且不收學費，這對於家境貧困的法拉第來說，是很幸運的一件事。七年學徒生涯中，得益於第三次訊息革命中的書籍普及，他讀過大量書籍，包括艾薩克・華滋（Isaac Watts）的《悟性的提升》（*The Improvement of the Mind*），書中對於學習的原則與建議，法拉第一直遵行不輟。另外，他也從由珍・瑪西（Jane Marcet）所寫的《化學對話》（*Conversations on Chemistry*）中得到很多啟發。在這些大量的閱讀之中，法拉第漸漸樹立起對科學的興趣，這其中，又以電學為甚。

在一位書店客人的引薦下，他聆聽了著名化學家戴維（Humphry Davy）的演講，法拉第將自己在演講中細心抄錄，內容達三百頁的筆記拿給戴維過目，戴維給予他相當友善且正面的答覆。二十歲的時候，他當上了戴維的實驗助手。這個男

孩就是世界電學之父法拉第（Michael Faraday）。

一八三一年，法拉第發現電磁感應現象，並經由實驗得到產生交流電的方法，這一突破性發現，可以說對人類文明做出了巨大貢獻。隨後，法拉第很快發明了圓盤發電機，這是世界上第一台發電機。

一八五二年，法拉第又引進磁力線的概念，奠定了電磁學的理論基礎。在法拉第的研究基礎上，英國物理學家麥斯威爾（James Clerk Maxwell）提出古典電磁學理論。科學的探索永遠是站在巨人的肩膀上前行，德國物理學家赫茲（Heinrich Hertz）在科學研究生涯中，用實驗證明了麥斯威爾的電磁學理論，證實了電磁波的存在，並且改寫了麥斯威爾方程組（Maxwell's Equations）。經由實驗，赫茲證明了電信號可以穿越空氣，還通過紫外光對帶電物體照射後產生的現象發現了光電效應。

電磁學理論的成熟完善，為無線電的產生奠定了堅實的基礎。

關於無線電的開創和發明者，學界存在許多爭議，而大國之間的科技競爭，從無線電開始就初見端倪。

英國人認為是麥克斯韋開創了無線電，因為他是最早提出電磁波存在的人；俄國人卻只承認他們國家的波波夫（Alexander Stepanovich Popov）；德國人認為赫茲才是無線電的發明人，因為他最早證明了電磁波的存在；瞭解特斯拉（Nikola Tesla）的人都承認特斯拉作為無線電之父的地位；但在義大利科學家的眼裡，馬可尼（Guglielmo Marconi）發明了無線電通信，且獲

得了諾貝爾物理學獎。

　　無線電的出現，是世界科技進步的必然產物，不是某個人的獨創，而是科學家們共同努力的成果，它的應用推動了人類社會近代文明的發展。

　　一八三七年，英國人查爾斯・惠斯通（Sir Charles Wheatstone）和威廉・庫克（William Fothergill Cooke）為自己研發的電報線路申請了專利。

　　一八九三年，美籍塞爾維亞裔科學家特斯拉在密蘇里州聖路易斯首次展示了無線電通信。一八九四年，俄國科學家波波夫經由實驗證明「電磁波可以用來向遠處發送信號」，並發明製作出世界上第一台無線電接收機。同年，年僅二十歲的馬可尼開始進行電磁波的遠程傳輸實驗，並在一八九五年成功將傳輸距離延長到二・七公里；一八九六年，他抱著自己的簡陋發射機器跑到英國，再次將實驗距離延長到大約十四・四公里；一八九七年七月，馬可尼的無線電電報與信號公司（The Wireless Telegraph & Signal Company）成立。

　　一九〇一年，馬可尼成功完成橫跨大西洋上三千六百公里的無線電通信，而在此之前，他的無線電報已經投入商業化；與此同時，波波夫把無線電投入軍用，並建立起四十多公里的無線通信網。

　　第四次訊息革命宣告來臨。

　　誰才是真正的無線電之父？時至今日，爭論從未停止，但科學家們為人類社會進步做出的卓越貢獻將永遠被世人所崇敬

和銘記。

在電報的基礎上，後來又誕生了電話和廣播。

二十世紀初，有聲廣播問世，最早是航海無線電報，採用摩斯電碼。該電碼是一種信號代碼，用於早期的無線電通信，其編碼清晰簡單，因此在戰爭中也常用於地下情報工作，這一點在電影《風聲》（*The Message*）中得到了很好的詮釋。

在馬可尼的遠程無線電實驗取得矚目成就之時，中國已不復春秋戰國時百家爭鳴的盛況，造紙術和印刷術所成就的文化盛世也衰落了。清朝末年，天下民不聊生，統治階級搖搖欲墜。

採取閉關鎖國，拒絕近代科學技術的清王朝，在一八四〇年被英國用先進的武器攻擊，開始付出慘痛代價。清朝末年，在洋務運動等因素影響下，由維新派領袖汪康年、梁啟超等創辦的《時務報》第二十五冊刊登了中譯版《無線電報》，該事件成為無線電通信技術引入中國的開端。

歷史的車輪開到了二十世紀，無線電通信大行其道，馬車、信使作為訊息傳遞樞紐的時代不復存在。

第一次世界大戰爆發，天下百姓陷入苦難，而無線電卻大量投入軍用，迎來了自己的輝煌。參戰國的指揮官利用無線電作為訊息傳遞的重要管道，得以快速掌握戰況。到了第二次世界大戰，在美國大約有六萬人擁有無線電台執照，其中約百分之九十為戰爭和軍事工業服務。而納粹德國想要佔領他國，最初的手段就是控制電台。作為無線電技術的終端產品，在中國，廣播電台和收音機也成為中共地下組織傳遞情報的主要工具，

今無線電在和平發展的時代已經全面普及。

　　廣播是無線電的一個重要載體。

　　一九九四年，美國作家史蒂芬・金（Stephen Edwin King）的作品〈麗・塔海華絲與蕭山克監獄的救贖〉（Rita Hayworth and Shawshank Redemption）被搬上大螢幕，是電影《刺激1995》（*The Shawshank Redemption*，又譯《月黑高飛》）的原著，若不是同期有《阿甘正傳》（*Forrest Gump*），該影片必將囊括奧斯卡所有重要獎項。雖然惜敗奧斯卡，但影片口碑卻取得壓倒式的勝利。片中出現多個經典場景，其中有一個是這樣的：安迪在典獄長的辦公室發現了唱片和留聲機，以及配套的無線廣播設備，於是臨時起意，擅自播放唱片，並鎖上門，打開廣播。當時正值午間，所有的犯人都在操場上活動，這時操場上的高音喇叭響起了音樂聲，所有人抬頭、駐足，廣播裡傳來莫札特的歌劇《費加洛的婚禮》（*Le Nozze di Figaro*）第三幕的歌聲，響徹整個蕭山克監獄。

　　無線電廣播作為戰爭的主要訊息傳遞方式，這在奧斯卡獲獎影片《王者之聲：宣戰時刻》（*The King's Speech*，又譯《國王的演講》）中得到了很好的詮釋：喬治六世（George VI）因口吃無法在公眾面前演講，在語言治療師羅格（Lionel George Logue）的悉心幫助下，終於克服重重障礙，在二戰前發表了鼓舞人心的演講。第四次訊息革命實現了語音的同步遠程傳輸，突破了文字、距離和延時的限制，使人們透過聲音直接獲取即時的訊息內容，並感同身受。安迪播放歌劇音樂，讓服刑的犯

人們體會到片刻的自由；戰爭年代的英國，喬治六世透過無線電技術進行鼓舞人心的演講，震撼人心。無線電所帶來的大眾傳播優勢，於此可見一斑。

印刷術讓文字藉由書籍得以傳輸；無線電成就了廣播；電話和電台讓語音突破了時空，可以進行即時傳輸。訊息通信歷經變革，在實現文字和語音的傳輸之後，將走向圖像和視頻傳輸的道路。

接下來，大眾傳媒開始登場，將訊息傳播推向新的高度。

電視推進現代文明

每一次技術革新都伴隨著爭議，訊息傳遞技術作為人類文明進步的標誌之一，更是處於爭議的核心。二〇一六年十一月十一日，國際著名華人導演李安新作《比利・林恩的中場戰事》（*Billy Lynn's Long Halftime Walk*）在中國上映，首次使用一百二十幀拍攝技術，具有比普通 3D 電影更逼真的身臨其境之感，但也不可避免地引來許多爭議。而電視的視頻圖像傳輸研發技術同電影類似，利用人眼的視覺殘留效應顯現一幀一幀漸變的靜止圖像，形成動態畫面。

如果說無線電的發明者充滿爭議，那麼電視的發明問世則伴隨著幕後功臣們的辛酸血淚。

電視最早出現在一九二五年的英國，一位叫貝爾德（John Logie Baird）的人製造出一台機械式電視機。該電視機的製作材

料幾乎是廢料：用自行車燈做成光學器材，用搪瓷盆來搭框架。然而，這個外形像個黑盒子的機器裡卻能看到模糊但栩栩如生的木偶圖像。貝爾德致力於用機械掃描技術來研製電視機，並在一九二八年研發出第一台彩色電視機。受無線電的啟發，他大膽假設：電既然可以用來傳輸語音，那麼也能用來傳輸圖像。然而，就在貝爾德吸引了投資商的目光時，美國發明家法恩斯沃斯（Philo Taylor Farnsworth）以電子技術製作出的電視機一舉擊潰機械技術，並很快佔領市場，最後貝爾德不得不抱憾離世。

　　法恩斯沃斯自小就是個天才少年，在貝爾德鑽研用機械技術製造電視機時，年僅十四歲的他就有了截然不同的直覺：機械技術是無法傳輸圖像的，電子技術才有這個可能，因為機械的運轉速度永遠不可能達到可以捕捉電子信號的程度。根據法恩斯沃斯的推理，畫面如果轉換成電子流，就可以像無線電波一樣在空間換波，最後再由接收終端聚合成圖像。

　　高中畢業以後，法恩斯沃斯進入楊百翰大學（Brigham Young University），卻由於家庭變故不得不中斷學業。他搬到舊金山為研製電視機而艱苦努力，並在一九二七年研發出第一台可以運轉的電視接收機和影像管。當法恩斯沃斯的努力終於引起投資商的注意並被政府授予專利證書時，美國廣播公司（ABC）突然跳出來與法恩斯沃斯爭奪發明權，該公司認為法恩斯沃斯以十四歲未成年就有研發理念是一個謊言，並以他大學未畢業為借口，力證法恩斯沃斯不可能擁有發明電視機的能力。雖然法恩斯沃斯拿出有力的證人和證據為自己贏得了官司，

但已經沒有資金來推廣自己的發明。

更糟糕的還在後面。

一九三〇年，位於舊金山的法恩斯沃斯電視機實驗室來了一位客人，自稱是電視機興趣愛好者，特地造訪法恩斯沃斯並向他請教，還花了三天時間在實驗室參觀。三年後，美國無線電公司（RCA）製造出了電視機並大肆宣傳。這時，法恩斯沃斯才知道，三年前來造訪的客人是該公司僱用的電視機發明家佐里金（Vladimir Kosmich Zworykin），此人當時雖然製造出一台樣機，但成品效果不佳，為了搞到核心技術，他隱瞞身份來竊取。當時各大電子廠已經與美國無線電公司簽訂了專利使用合約，因此都不敢給法恩斯沃斯投資。於是，又一場專利持久戰官司開始了。這場官司又臭又長，美國無線電公司敗訴後又再上訴，足足拖了好幾年。

當法恩斯沃斯終於合法擁有電視發明專利權以後，他幾乎身無分文，加上第二次世界大戰即將開始，美國政府被迫暫停電視機工業。等可以再次生產時，法恩斯沃斯的專利已經過了保護期限。看準這個時機，美國無線電公司開始批量生產電視機，並且大肆宣傳，把當初竊取法恩斯沃斯機密技術的佐里金一舉捧成電視之父。猶如看著特洛伊木馬攻城的老國王那樣絕望和無力，法恩斯沃斯心灰意冷，黯然返鄉，臥病不起。

雖然電視機的開創從一開始就較為悲壯，但這無法阻止它席捲世界。

一九三六年十一月二日，這一天是世界電視事業誕生日，

英國廣播公司（BBC）正式播出電視節目。一九三九年紐約世界博覽會上，電視機大出風頭，並在戰爭結束後開始普及，為人類社會的現代文明添光加彩。

一九五四年，美國無線電公司推出第一台彩色電視機，但圖像質量著實太差，加上裝置成本高昂，許多家庭還是選擇黑白電視。到了一九七〇年代，通過電視設備所傳遞的資訊開啟了多元化的路線，因為此時多路傳播電視設備研製成功，這就意味著人們可以看到多樣化的電視節目，滿足了不同觀眾的需求。

電視的普及，標誌著多媒體的誕生，它集聲音、文字、圖像和影像於一身，讓資訊傳輸實現了即時、大規模和遠距離。更重要的是，大眾有了直觀感受，訊息這個載體從此開始有了感情色彩。

這樣的感情色彩，在越南戰爭的報導中尤為典型。

在早期的戰爭中，受英雄主義和浪漫主義的影響，絕大多數美國士兵都驍勇善戰，民眾耳聞目睹的全是戰爭中英雄人物的光輝形象。隨著時間的推移，情況出現了反轉，美國逐漸出現了強烈的反戰浪潮。許多和平組織舉行大規模示威遊行，大學生積極加入反戰運動，流行歌手紛紛推出反戰歌曲。美國人民對戰爭的態度之所以發生如此大的轉變，很大程度上就是因為電視報導。當人們在電視上看到血淋淋的戰爭場面和殘酷的殺戮時，視覺上受到了巨大衝擊。電視媒體與報紙、廣播所傳遞的訊息影響力完全不同：報紙和廣播所播報的戰況、傷亡人數對於普通民眾而言沒有強烈的代入感，但電視直接將畫面呈

現，讓大眾產生直觀強烈的感情。民眾藉由電視播放的殘酷畫
面終於意識到：原來《戰地春夢》（*A Farewell to Arms*）和《姜
似朝陽又照君》（*The Sun Also Rises*）呈現的場景才是真實的，
戰場上根本沒有所謂的英雄和浪漫，只有赤裸裸的血腥和絕望。

電視機作為多媒體的重要載體，讓訊息傳遞的方式更加豐
富、更有感情和衝擊力。它的問世成為現代文明的代表之一。

一九五八年三月，中國大陸的第一台電視機被製造出來，
研製單位是中國國營天津無線電廠。進入一九八〇年代，電視
機加速發展，成為訊息傳播的主導力量。相比較無線電廣播，
電視不僅可以接收到各類社會新聞，而且有聲音有影像，給老
百姓帶來更加形象的直觀體驗，且兼具娛樂功能，一經問世就
成了稀罕物品。那時只要誰家有電視機，一到晚上，周圍沒有
電視機的鄰居都會聚到他家一起觀看電視節目。老牌的電視機
品牌包括「飛躍」、「金星」、「牡丹」等等。擁有電視機被
視為財富的象徵。在中國大陸城市的大街上，只要櫥窗裡展示
的電視機在播放節目，一定有人聚集觀看。到後來有了彩色電
視機，一些國外電視機品牌也相繼進入中國大陸，其中以日本
的「東芝」最廣為人知。

一九九四年，北京電視台隆重推出一檔集知識性、娛樂性、
趣味性於一體的大型綜藝節目《動物樂園》，該節目由日本東
芝株式會社特約冠名播出。節目一播出就大受好評，並且一播
就是十二年，尤其到了著名主持人王剛擔任園主時期，節目收
視率創下歷史紀錄。該節目不僅讓住在城市的人們瞭解到自然

界各種動物的訊息，打開了人們的眼界，還讓東芝電視機在中國紅極一時。那時，一台東芝電視機價格高達三千元人民幣以上，相當於普通人一到兩年的工資收入，但這絲毫不妨礙東芝電視機的大賣。

與傳統紙製媒體、無線電廣播最大的不同是，電視機所帶動的節目開發，為人們帶來了多種娛樂，也帶來了知識，人們對於訊息的獲取不再局限於政治演講、戰況播報、新聞時事。隨著電視機的普及，各大電視台紛紛成立，並積極開設自己的電視節目，發展以電視為載體的訊息文化產業。一九五八年九月，中國北京電視台（一九七八年五月更名為中央電視台）經過細緻的籌備，首次正式播出電視節目，文化事業開始穩步發展。雖然十年動亂期間北京電視台被迫停播，但一九七八年《新聞聯播》的正式開播拉開了中央電視台的序幕。經過幾十年的發展，中央電視台已成為中國最大的新聞輿論和文化傳播陣地。

作為第五次訊息革命的載體，電視所傳遞的訊息已不再局限於新聞時事，還包括多種具有娛樂性質的電視節目，電視劇產業也應運而生。

二十世紀九〇年代，大陸電視劇《渴望》播出後，出現萬人空巷的盛況。該劇對中國大陸十年動亂背景下小人物情感生活的刻畫，引起觀眾的深度共鳴，也側面向觀眾展示了電視作為訊息傳遞工具的真實力量。此後，《北京人在紐約》播出，迅速竄紅。那時的中國大陸人對於美國毫無概念，只知道那是一個遙遠而陌生的國度，而劇中主角們在紐約的遭遇和命運起

伏牽動著億萬中國人的心。場景的展示，人物的對白，都讓觀眾對於大洋彼岸那頭的訊息有了非常形象的認知，這種效果是無線電廣播所無法達到的。無線電時期，訊息在輸出過程中不可避免地產生較大損耗，而以電視為訊息終端的產品則大大提高了訊息傳輸的完整性。當人們接收訊息傳遞時，也有了比無線電更為舒服的體驗。

電視的興起和普及推進了人類社會的現代文明，但隨著時間推移，已無法滿足人們不斷增長的個性化需求。當社會的物質條件相對富足，和平與發展成為時代主題時，普通民眾的精神需求和訊息互通的願望便日益增長。世界文明的大融合以及經濟全球化的最新趨勢，對訊息革命又一次提出了更高的要求。這一次，功能更強大的互聯網登上歷史舞台。

迄今為止，恐怕沒有比互聯網時代的到來更令人激動的了。

互聯網引爆當代文明

電視讓多媒體強勢崛起，但它的訊息傳輸是單向的，只能接受給定的訊息，卻不能把自己的訊息傳輸出去，雙向互通無法依靠電視來實現。互聯網的出現，讓資訊傳輸達到了訊息革命史上的最高水準，它有效集合了之前訊息載體的所有特徵：即時、遠距離和多媒體，還兼具訊息雙向互通的優勢。

一九五七年十月，前蘇聯發射第一顆人造地球衛星史普尼克一號（Sputnik 1），美國政府驚慌不已，連忙讓國防部組建高

等研究計劃署（ARPA）。一九六九年十二月，高等研究計劃署將加州大學洛杉磯分校（UCLA）與聖塔芭芭拉分校（UCSB）、史丹佛大學（Leland Stanford Junior University）研究學院以及猶他大學（University of Utah）的四台主機連接起來，建立起用於軍事的高等研究計劃署網路（ARPAnet），也就是阿帕網。這是最早的網路，採用封包交換（Packet Switching）技術，運行速度只有 50Kbps。一年後，網路工作小組制定出主機之間的通信協議，用來控制網路信號傳輸。又過了一年，通信軟體研發成功，實現主機之間的通信，這就是電子郵件（electronic mail）。電子郵件的誕生讓網路通信變得高效快捷。至此，阿帕網的規模開始不斷擴大，於是又有了廣為人知的 TCP/IP 通信協定（TCP/IP Protocol Suite）。

　　時間來到八〇年代初，電腦網路變得十分多樣化，包括使用者網路（USENET，該名稱來自 Users Network）、電腦科學網（Computer Science Network, CSNET）等。由美國國家科學基金會（NSF）資助建設的廣域網路（Wide Area Network, WAN）國家科學基金會網路（NSFnet）的出現，對互聯網的發展起到了較大的推動作用。早期的互聯網用於高等院校科學研究，隨著主機數量急劇增加，越來越多的人把互聯網當作訊息交流的工具。到了九〇年代，隨著瀏覽器和網頁技術的出現，互聯網呈現高速發展，一九九五年，國家科學基金會網路正式投入商業化，互聯網開始席捲全球。

　　第六次訊息革命隨時準備引爆市場，為人類社會帶來一場

盛大洗禮。

　　一九九四年，中國大陸政府支持建設中國教育和科研電腦網路（China Education and Research Network, CERNET）示範網工程，建立起中國第一個 TCP/IP 通信協定的互聯網。張樹新創立了中國大陸首家互聯網服務供應商瀛海威，互聯網由此開始走入千家萬戶，並且很快進入飛速發展階段。從最開始的四大門戶網站（網易、搜狐、騰訊、新浪），到現在的多媒體和電商蓬勃發展，人們對於網民身份已經再熟悉不過。相比較電視傳輸，互聯網承載的資訊傳遞更加完整，人類當代文明也因互聯網掀起的訊息風暴而璀璨多姿。

　　一九九八年為中國大陸互聯網發展的重大轉折之年。這一年六月，一代經典微軟（Microsoft）公司的 Windows 98 操作系統發佈，整合服務數位網路（Integrated Services Digital Network, ISDN）在中國普及，電子佈告欄系統（bulletin board system, BBS）和線上聊天迎來黃金發展期。互聯網帶來的變革，也推動了娛樂文化產業的巨變。也是在這一年，中國大陸第一部網路小說《第一次親密接觸》進入人們的視野。該小說以網路聊天為故事主線，現在看來，情節顯得比較老套，彼時卻大受歡迎。這部充滿著純潔、調皮且又悲情的網戀小說作為網路文學的開端，拉開了大眾網路文學的序幕。自此，網民讀者的口味水漲船高，網路上的好作品層出不窮，後來催生了一大批在互聯網上名頭很響、圈粉無數的著名網路作家，如南派三叔、唐家三少、流瀲紫等。

　　走在訊息革命最前端的人，不少成為獲益者，甚至被載入史冊。在互聯網的第一波浪潮中，在一線搏擊巨浪的人很多成為了當代文化的優秀代表，有的甚至大大改變了社會進程和人們的生活習慣。

　　隨著互聯網在中國大陸的起步，一批理工科學霸們嗅到了巨大的商機，開始悄無聲息地發力。

　　一九九四年，在寧波電信局工作的丁磊首次接觸到網路，便感知到了互聯網的威力。一年以後，他不顧家人的強烈反對，從電信局辭職開始闖蕩江湖，要知道，電信局可是當時很多人羨慕的好單位。但丁磊義無反顧，他一路南下，跑到廣州打工兩年，一年換一次工作，最後自己創業。一九九七年五月，網易公司成立。令人吃驚的是，僅三年時間，即二〇〇〇年六月，網易就在納斯達克（NASDAQ）成功上市。

　　比起丁磊在事業發展上的幾經波折，另一位學霸可謂順風順水。一九九六年，帶著創投資金歸國的麻省理工學院博士後張朝陽創立愛特信公司，兩年以後，公司推出自己的門戶網站，同時更名為搜狐。張朝陽良好的教育背景和超強的執行力讓搜狐的發展極為迅猛。二〇〇〇年七月，搜狐網在納斯達克上市。

　　與這兩位從校園出來沒幾年就創業的青年才俊不同，一九八八年從北京大學畢業的王志東在軟體研發和管理領域工作了十年時間，積累了大量經驗以後才開始自立門戶。一九九八年，新浪成立，在王志東的帶領下也迅速發展，與搜狐同一年在納斯達克上市。

差不多那個時候，QQ 也出現了。一九九九年，OICQ（意為 opening I seek you）上線，主打即時線上聊天，這種打字聊天、遠端與陌生人交流的方式迅速在中國市場搶佔先機。雖然由於早期的名稱惹來一身官司，但是改名後的 QQ 為大街小巷的網吧帶來了巨大收益，騰訊公司隨之繼續研發出遊戲、空間、農場等娛樂應用程式。雖然由線上聊天引起的社會問題層出不窮，負面新聞頻出，但這絲毫不影響騰訊的大步前進。二〇〇四年六月，騰訊公司在香港交易所掛牌上市。

中國互聯網四大門戶，一度形成四足鼎立的局面，作為第一梯隊的網路公司，至今屹立不倒。

二〇〇〇年以後，中國網遊興起，博客流行，在互聯網這一新興產業中，馬化騰、丁磊、張朝陽等人抓住了第一波訊息浪潮的先機，也讓大眾體會到時代的變遷。

二〇〇八年五月十二日，四川汶川發生芮氏 8.0 大地震，很快就登上全球各大媒體頭條。而中國政府和民眾在這場災難中以迅速、準確、高效的方式採取救援行動，在很大程度上受了互聯網時代的影響。

地震發生僅二十五分鐘，新浪網便發佈準確的新聞報導，三大門戶網站很快都推出地震專題報導相關進展，很快消息傳遍全中國。幾小時之內，相關視頻、博客、網路媒體報導不斷更新。中國政府也迅速發佈政策，實施緊急救援行動。

訊息的快速傳播深深影響到各個方面：儘管災區通訊一度癱瘓，與外界失去聯繫，但中國各大電信公司很快為災區通訊

開通免費撥打服務，災區與外界的訊息聯通得以逐步恢復。由於訊息傳遞方式比以往更加豐富，各路媒體不斷即時追蹤報導，不但讓全世界感受到中國政府的決策迅速、國民的凝聚力超強，也讓人們見識了最新的資訊傳輸方式速度竟然可以如此之快。

　　而所有這些，在訊息閉塞的年代是根本無法想像的。傳統媒體和新媒體在互聯網的強烈衝擊之下，讓訊息傳遞的速度達到最快，人們接收消息的時間被極大壓縮。

　　這是糟糕的時代，訊息爆炸帶來不少社會問題；網癮、網路犯罪、虛假新聞等；這也是美好的時代，各種資訊高效互通，社會效益大大提升，透明度大大提升……

　　歷史總是在不斷進步，四大門戶網站在行動互聯時代都不可避免地面臨轉型，而騰訊公司突出重圍研發出微信，再次成為了領頭羊。

　　當互聯網從個人電腦端轉向行動端，手機的作用開始大於電腦時，又一個嶄新的時代呼之欲出。

　　這一次，功能更強大的智慧互聯網不再是電影裡的科幻場景，而是逐漸進入人們的生活，並將繼續改變這個世界。

智慧互聯網與第七次訊息革命

　　在之前的六次重大訊息革命的歷史中，看到了訊息傳遞和發展的脈絡，在互聯網助推訊息革命跨越式的發展之時，也提

出了一個很重要的問題：第七次訊息革命將會是什麼？這個答案已經顯而易見：智慧互聯網。

不過，必須要強調的是：智慧互聯網不僅僅是互聯網。

此前，人們所說的互聯網是傳統互聯網，它的主要任務是實現高速度的資訊傳輸。最早的阿帕網是由一台台的服務器通過傳輸控制協定（TCP）連在一起，到了商業化時期，互聯網解決的根本問題是實現訊息的無障礙傳輸，並傳達出互聯網的基本精神：自由、開放和共享。

然而，智慧互聯網已經不僅僅是互聯網，而是在傳統互聯網的基礎上發展起新的訊息傳遞體系，由行動互聯、智慧感應、大數據和智慧學習等共同構建，其功能更為全面和強大，智慧化特徵更為明顯。

行動互聯是智慧化的基礎

傳統的互聯網是在每一台電腦之間建立起訊息聯繫，每台電腦有各自固定的 IP 位置，用電纜和光纖來連接，其終端體系是固定的。

當手機有了上網功能以後，各種相關應用從過去的個人電腦端逐步擴展到行動端，從最初的聊天應用、網頁瀏覽器在手機上的使用，到如今幾乎所有用戶需要的應用都可以在手機上得以實現。行動互聯是可移動的，移動是整個行動互聯的核心和基礎，它的終端不再只是電腦，而是所有行動產品的終端，

先有了手機，然後又有了其他的產品，甚至是汽車。

與過去的電腦上網不同，現在只要一部手機，即可打破空間限制，隨時聯網，想要知道的任何訊息只需幾個按鍵就可搞定。作為行動通信的終端產品，除了手機，iPad、智慧手環等產品也層出不窮。隨著互聯網在人類社會的蓬勃發展，電腦已不再是唯一的互聯網終端，行動互聯才是當今世界的主旋律，並且會帶來多米諾骨牌一般的效果，推動著變幻莫測卻又有跡可循的訊息時代向前發展。

由此可見，行動互聯讓使用場景成倍擴張，徹底打破空間的限制，而 5G 是行動互聯的基礎保障。

互聯網作為當下訊息革命的重要載體，將進化成智慧互聯網，引發新一輪的訊息革命，走向全面智慧化。

在如今這個訊息大爆炸的時代，智慧手機從問世到普及，為行動通信產業帶來井噴式的發展，也為今後的智慧時代奠定了堅實基礎。手機已不再單純是一部用來通話和發短訊的行動電話，而成為具備多種功能的智慧終端機：打電話只是最基本的功能，而進行萬物訊息傳遞、行動支付，並且兼具各種多媒體的應用，成為人們工作與生活必不可少的萬用機，才是它的真正用途。

行動互聯對於構建智慧互聯網起著強大支撐作用，很早以前，就有了行動支付的概念，但是這種功能在 2G 和 3G 時代都無法發展，主要原因就是網路通信能力還不強大，支付功能延時較長，反應遲緩。到了 4G 時代，中國大陸的行動支付全面爆

發，就是因為行動網路信號變得空前強大，4G 網路得以大面積覆蓋。而 5G 必須為智慧互聯網的業務提供強有力的支撐，如果沒有 5G，智慧互聯網的作用將無法發揮，人工智慧（Artificial Intelligence, AI）的應用也無法實現。

隨著智慧手機的普及，智慧互聯網初見端倪，各種行動智慧產品也開始影響著各個行業，並且將逐步實現人物互聯和萬物互聯。在當下，物聯網已經初見端倪，之所以還未全面開花，是因為 5G 網路還未真正建立，一旦 5G 時代來臨，行動互聯必將掀起新一輪訊息革命風暴。

這場風暴的最直觀感受就是萬物互聯，而萬物互聯則依靠智慧感應落地生根。

智慧感應延伸了人類的器官

二〇一八年三月三十日，著名導演史蒂芬‧史匹柏（Steven Allan Spielberg）神作《一級玩家》（*Ready Player One*，又譯《挑戰者一號》）在中國大陸震撼上映，燃炸整個電影市場。影片中隱藏的無數給動漫迷、電影迷、遊戲迷的彩蛋，讓粉絲們驚歎不已，電影場景中營造出來的未來世界的重工業感、虛擬實境的無縫對接、所有人物佩戴遊戲傳感器並在虛擬世界獲得真實觸感、酷炫科幻體驗爆棚的視覺衝擊……讓人沉迷其中，兩隻眼睛完全不夠用。

很顯然，這位好萊塢電影大師那超出常理卻又邏輯縝密的

想像力，讓我們真切感受到了「沒有看不到，只有想不到」的說法，整部電影中的人物佩戴遊戲傳感器從頭玩到尾的主線，以及無人機四處搜索玩家地理位置的畫面貫穿其中，對未來智慧感應的使用暢想達到了巔峰。

智慧感應是物聯網成功的基石，隨著訊息傳播技術的發展和 4G 網路的發達，未來 5G 時代將以智慧感應的蓬勃發展來為用戶提供直觀體驗。而這把火如今正在強勢燎原，雖然離《一級玩家》的高度還有很大的差距，但是現在市面上眾多感應器已經被人們接受。這些感應器正對世界進行記錄，呈細胞分裂之勢，形成新的體系。

單從「感應」這一點來說，其能力就已經無所不在，光是一款智慧手機就帶有重力感應、壓力感應、觸摸感應、輻射感應、影像感應、人臉識別等諸多功能，並且還能通過各種智慧識別，對外界進行感知。

其中最具代表的就是地理位置感應。現在的打車軟體和一些娛樂應用上都可以自動識別地理位置，方便該應用針對定位向距離最近的出租車發送訂單，或者為客戶推薦相應的美食和娛樂活動。一些智慧家居也可以根據客戶的身體感應來開啟和調節最適宜的溫度。這種智慧感應的產品不僅讓用戶的訊息得以傳輸，還可以經由感應來獲取更多的訊息，甚至依靠客戶的五官、皮膚和四肢來獲取，使人類器官得以延伸。

可以確定的是，隨著第七次訊息革命的到來，更多的智慧產品將不斷湧現；而有的產品，還沒等到物聯網的輝煌時期到

來，就已經在一輪輪殘酷的廝殺中被淘汰。

　　一九九九年，美國 Jawbone 公司在矽谷成立，早期主要研發國防相關計劃產品和揚聲器，聲名遠揚。到了二〇一一年，這家公司開始推出「UP」系列健康運動手環，嘗試商業化發展。公司創始人之一拉赫曼（Hosain Rahman）對征戰市場雄心勃勃，並公開表示將來會做出時尚、防水、與智慧手機相連接、續航時間長的高科技智慧產品。然而，其競爭對手做出的智慧手環已經具備螢幕、睡眠狀態識別等多個功能，而 Jawbone 智慧手環只有單一功能，每一版本的產品都毫無新意，加上硬體條件欠佳，市場價格昂貴，遲遲無法搶佔市場份額。更糟糕的是，智慧手環市場也並不景氣，據市場研究公司 Endeavour Partners 統計，大約三分之一的智慧手環在購買半年以後就遭到棄用，成為名副其實的雞肋產品。最要命的是，Jawbone 公司的管理出現了很大的問題：高層人事變動使得產品功能無法順利研發，二〇一六年五月，該公司宣佈停產智慧手環，轉向醫療領域。

　　智慧手環的競爭其實非常殘酷。當蘋果、三星、Fitbit 等公司進入智慧手環研發的領域後，Jawbone 公司陷入困境，而小米公司的手環製造商也積極加入智慧手環的研發，並且與 Fitbit 並駕齊驅，在該領域獨領風騷，加速了 Jawbone 公司的潰敗。二〇一七年，Jawbone 公司宣佈啟動破產清算程序。精力和資金的不足再加上一堆官司，Jawbone 公司的前景不知能否在物聯網爆發時迎來逆轉。

　　智慧手環的原理其實並不複雜，核心是透過感應用戶相關

器官的運作情況來獲取健康訊息。記錄和儲存這些訊息，能為用戶提供健康數據。人類對世界的最初認知就是依靠感官來獲得的。智慧產品的出現，幫助人類的感官有了更多的延伸，人類對世界的瞭解也經由這些感應器有了更深入、更廣泛的訊息。這些感應器在不斷的感應中獲得了大量數據，它們將這些數據保存、分析，形成不間斷的紀錄和再分析，最終形成大數據。

　　智慧感應設備不僅僅是手環，手環只是眾多類型的產品中的一個代表。智慧感應就是要把對世界的認知，從人的器官經由機器模擬出來，並且延伸得更遠、更強。人類的五官眼、耳、鼻、舌、口，都可以透過智慧感應來進行模擬，我們可以看不到甲醛、聞不到總揮發性有機化合物（TVOC），但是可以透過智慧感應感知到。除了日常生活外，大氣品量如何、水體質量如何、山體是否會滑坡、路燈是否有位移……這些也都可以經由智慧感應器進行感應。經由這些感應器，人類對於世界的認知會超越距離、體積等的限制，甚至會超越我們的五官能力，它們將成為人類智慧化能力的重要保證。

大數據重建了認知世界的基礎

　　首先，需要指出的一個誤區是：數據不是數字。比起數字，數據的範圍要大很多。前騰訊副總裁吳軍在《智能時代》一書中曾對大數據進行了這樣的描述：互聯網上的任何內容，比如文字、圖片和視頻都是數據；醫院裡包括醫學影像在內的所有

檔案也是數據；公司和工廠裡的各種設計圖紙也是數據；出土文物上的文字、圖示，甚至它們的尺寸、材料，也都是數據；甚至宇宙在形成過程中也留下了許多數據，比如宇宙中的基本粒子數量。

不難看出，5G 時代，在高速度和低延遲的訊息傳遞下，人類對於大數據的使用將有助於加深我們對世界的認知，在這個認知的基礎上，走在時代尖端的機構和個人會研發出更多的應用，以滿足人們的各種需求和服務。隨著 5G 的到來，大量的物聯網應用被使用，這些物聯網感應設備每天都會產生巨量的數據，這些數據遠遠超出了今天日常進行統計、管理的數據。

事實上，在互聯網投入商業化之前，中國國家相關部門就已經開始在使用大數據。其中，開始的時間最早、最典型的應用是天氣預報，其預測就是建立在對大數據的記錄、建立模組、分析等基礎之上的。隨著 4G 時代海量數據得到大規模利用，大眾已經可以感受到大數據所帶來的種種便利。

隨著互聯網技術不斷演化，大數據的應用如今變得更為快捷方便。之前，需要透過電視才能看到的天氣預報訊息，現在透過手機就可以看到。與電視上的天氣預報不同，在手機螢幕上看到的訊息更為豐富，除了某一天的氣溫，還能看到當天各個時段，甚至更長時間段如一星期、半個月的溫度和氣候狀況，以及出行和穿衣指南。此外，全球定位系統（GPS）過去僅給政府有關部門使用，如今早已投入了商業化，各種手機應用軟體和手機服務器都擁有定位功能。所有這些，都是大數據成熟應

用的結果。

一九九七年，在第八屆電機和電子工程師協會（IEEE）會議上，邁克爾・考克斯（Michael Cox）和大衛・埃爾斯沃思（David Ellsworth）發表論文〈為外存模型可視化而應用控制程式請求頁面調度〉（Application-Controlled Demand Paging for Out-of-Core Visualization），在文中首次使用「大數據」（Big Data）這個概念。二〇〇〇年，加州大學伯克萊分校（University of California, Berkeley）發佈研究成果：將每年四大物理媒體（紙張、膠卷、光碟和磁碟）產生的原始訊息由電腦儲存量化，即所有訊息可以用電腦記憶體（Computer memory）單位表示。隨著每年數據量猶如火箭般的速度擴大，「大數據」也正式成為海量訊息流的代名詞。

大數據這個概念，之所以現在全面爆發，很大程度上是因為智慧互聯網的迅速發展。強大的互聯網為它提供了滋養的土壤和飛奔的跑道。5G 時代的大數據，將重建人類社會新秩序和人類認知世界的基礎。

大數據的強勢來襲不僅為訊息革命推波助瀾，也促進了訊息的雙向互通。就拿當下最常用的網路打車服務來說，在打車軟體還沒出現之前，出租車司機的服務態度並不友好。他們只是單純地載客，而且都是一次性交易，不是長期合作的模式。因此，司機將乘客送到目的地後，一筆交易完成，再無任何額外服務：如果客人拿著行李，如果客人是年邁的老人，大部份司機並不會提供相應的服務，而乘客也一般不會為這種小事去

投訴，這就意味著：由於沒有建立起制約司機的評價機制，後期更不會有任何相關數據積累，於是司機的工作表現也不會受到約束。

　　然而，到了大數據時代，所有的打車和載客詳細紀錄都會變成數據儲存下來。在這個人物相聯的訊息網路下，打車軟體給所有的司機和乘客都提供了評價入口：乘客和司機在交易結束後都可以評價對方，而且其他任何人都可以看到這些歷史評價。乘客如何評價司機將直接影響到該司機的業績。打車平台將根據評價高低獎勵或處罰司機（二〇一八年五月，因為發生空姐被網約車司機殺害事件，某打車軟體評價功能關閉）。在這種環境下，加入打車系統的司機就會在服務上做出轉變。與此同時，司機也能看到某個客人的信用紀錄，從而選擇是否接單。從技術上說，打車平台的所有評分、評語，都是有較高商業價值的大數據。

　　《智能時代》一書指出：大數據具有海量、多維和全面（或者說完備）三個主要特徵。透過搜索引擎對關鍵詞的搜索，就可以充份感受到這些特徵。當這些特徵在不同領域得到充份發揮時，就一定會有意想不到的效果。思維引領發展方向，英國工業革命之所以會發生，是因為人們的思維方式發生了改變，於是才有了各種量產的機器。當前已經是大數據時代，在數據組成的訊息流大環境下，人們的思維方式受到巨大衝擊，甚至顛覆對世界的認知，這種衝擊和顛覆也快速推動我們去重新認知這個世界。

　　大數據為我們對傳統購物的認識帶來了巨大變化，最深刻的體驗就是電子商務，其背後強大的物流技術顛覆了人們對傳統購物的認知，在該領域，中國大陸的京東是個中翹楚。

　　當網購進入人們的日常生活並被廣泛接受後，各種購物網站如雨後春筍般冒出來。與眾多購物平台不同，京東的成功，一大關鍵源於它自主研發建立起來的一整套物流技術，這套技術囊括全部購物配送流程和全價值鏈：從前端交易，到產品供應鏈，再進入到核心的倉儲、配送、客服和售後體系，最終細化到每個用戶的購物和瀏覽紀錄。在這一系列過程中產生的數據積累，是京東大數據應用的基礎保證。二〇〇八年，京東公司的技術團隊僅三十多人，短短數年已發展到四千人以上，其中大數據團隊就高達三百多人。更讓人想不到的是，京東技術團隊甚至可以根據大數據的儲存判斷出客戶的購物情緒，從而為該客戶配備擅長處理相關情緒的客服。如今，大數據庫已成為京東的心臟，非核心技術人員都無法接近，想進入京東實習都需要通過重重關卡。技術團隊對於大數據庫的使用使京東的物流與其他物流公司相比具有碾壓式的優勢，遠遠拉開了與其他物流公司的差距。

　　目前，一部份購物網站對大數據的使用還停留在早期階段，以單向輸出為主導，將產品按照主題劃分：商品的種類、廣告類別都是單線式的推廣；而京東以客戶為主導進行多管齊下：用戶在京東除了能看到產品的主題劃分和推廣，京東的技術團隊還為每一個客戶建立起只屬於該客戶的數據銀行。比如，瀏

覽紀錄、下單商品、何時取消訂單、是否再次購買等，每一個
客戶在京東網上所有的細微行動，都被完整保留並儲存，形成
完整的數據鏈。大數據在京東使用的第二個方面是將所有客戶
劃分為不同群體，並針對不同的群體，推送不同的優惠券、相
關服務和產品。第三個方面是根據用戶留下的數據進行預測，
甚至可以精確預測出用戶下一步滑鼠會點擊哪一個目錄。除了
對用戶側的分析，大數據的應用也直接決定著企業的營運環節：
配送站點和自提點的開放是否能全面覆蓋某一個街區，整個物
流鏈的成本效率能否有所提升等。強大的數據積累也直接影響
到企業高層的決策。

　　值得一提的是，京東與產品合作方開展了不同於以往的合
作模式。傳統的供應商一般先做市場調查研究，再研發產品，
進行測試後直接量產，最後下發到零售點問世推廣。而京東會
對合作方開放相關數據庫，讓合作方根據數據庫判斷客戶的購
買需求，以此為基礎，決定下一代產品的研發方向來吻合大部
份客戶的期望值。藉由這樣的合作模式，產品供應商大大降低
了成本，提高了研發效率。用數據說話，已逐漸成為京東公司
最重要的營運策略。大數據在電子商務領域的成功應用，證明
了其極大的承載能力，以及人們思維模式的成功轉變。

　　大數據的高度承載能力，對於社會發展和人們的工作、學
習和生活等方面均具有重要的意義。尤其是，大數據的海量性、
多維性和全面性，注定會催生出新事物，這個新事物就是凌駕
於它之上的智慧學習。

智慧學習讓機器超越人類成為可能

　　如果說人工智慧是智慧學習發展的終極產物，那麼建立在大數據之上的智慧學習就是人工智慧的基本能力。記憶是智慧學習最基礎的功能。車齡比較久的司機應該都有過這樣一種經歷：經常前往某個目的地，根據自己多年的經驗一般都有一條更加方便的近距離路線。剛開始這樣的路線不會顯示在智慧導航上面，導航給出的路線通常都是大眾知道的大路。如果司機每次都不按照導航路線走，而走自己更加熟悉的小路，智慧導航儀透過智慧學習，在發現該司機每次都選擇這樣的路線以後，就會進行智慧修正，透過記憶和修改優化以往的路線方案。

　　智慧學習是在對大數據進行大量分析的前提下，透過總結進行最優選擇，找到高效率、低成本、方便快捷的路徑。

　　作為智慧學習的終端，機器人和各種智慧產品的出現也將在未來顛覆人類社會。人類創造了語言，發明了造紙術，發現了電磁波，創造了無數奇蹟。而這一次，人類創造了機器人，卻不得不與機器人展開競爭。

　　二十世紀末，美國 IBM 公司製造出了一台超級電腦──擁有三十二個微處理器、四百八十個特製晶片，採用 C 語言的「深藍」（Deep Blue）。為實現人機大戰這樣激動人心的場面，科學家們在「深藍」裡面輸入了兩百多萬局來自世界優秀棋手的棋局，然後邀請西洋棋界特級大師加里・卡斯帕羅夫（Garry Kimovich Kasparov）與「深藍」展開巔峰對決。一九九六年

二月十日到十七日，人機大戰在美國費城拉開序幕，經過幾天激烈交鋒，卡斯帕羅夫以 4：2 戰勝「深藍」。一年以後，經過改良的「深藍」再度出戰，此時的它，運算速度是上一年的兩倍，可搜尋及估計每步棋後的十二步棋，並且能進行每秒一百一十三億八千萬次的浮點運算。一九九七年五月，人機大戰再度進行，「深藍」以 3.5：2.5 的成績戰勝卡斯帕羅夫，迎來機器界歷史上極具紀念意義的一天。

然而，「深藍」作戰依靠的是計算，而不是智慧學習，它是根據眾多輸入的棋局做出最優選擇。

最令人激動的、注定被載入史冊的、與人類展開智商比拚的一台機器，是大名鼎鼎的 AlphaGo。

在二〇一六年，美國谷歌（Google）公司旗下的深思（DeepMind）公司採用「深度學習，兩個大腦」的原理，開發出人工智慧機器 AlphaGo。與「深藍」不同，AlphaGo 主要採用多層人工神經網路和蒙特卡洛樹搜索法（Monte Carlo tree search, MCTS），根據落子選擇器和棋局評估器，進行自我深度智慧學習。與之前的機器不同的是，AlphaGo 主攻圍棋。就兩個不同的棋種本身而言，圍棋的複雜程度遠遠超過西洋棋，而 AlphaGo 的計算能力大約是「深藍」的三萬倍。

二〇一六年三月，AlphaGo 對戰韓國九段棋手李世乭，最終以 4：1 的戰績輕鬆勝出，引起世界圍棋界一片驚呼，最後李世乭在達沃斯論壇上無奈說出機器的冷酷令他「有種再也不想跟它比賽的感覺」。第二年，在中國烏鎮圍棋峰會上，

AlphaGo 再次出征，以 3 ：0 的輝煌成績完敗世界圍棋排名第一的選手柯潔，並且直接讓柯潔淚灑賽場。由此，圍棋界公認 AlphaGo 的棋藝已經超過人類圍棋大師的最高水準，柯潔甚至說出「它就是圍棋上帝，能夠打敗一切」的言論。

二〇一七年十月，深思公司推出 AlphaGo 升級版，代號 AlphaGo Zero，採用新的人工智慧技術，僅用三天訓練，就將零基礎的 AlphaGo Zero 變成了頂尖圍棋高手。同年十二月，在第四屆世界互聯網大會上，谷歌公司執行長桑達爾·皮查伊（Sundar Pichai）表示，團隊正在研發阿爾法圍棋工具，該套工具是學習型的，適合於任何想要學習圍棋的人，而他本人也正在使用這個工具學習。

看來獨孤求敗的 AlphaGo，即將要教人類下圍棋了。

單憑一個 AlphaGo 稱霸棋壇，似乎不足以證明未來 AI 機器人超越人類的可能。如今，各個行業都開始鑽研人工智慧，尋找產業革新的方法。展望未來，人類是否還能掌控越來越聰明的機器人？

比如醫療行業。二〇一二年，谷歌公司舉行科學比賽，冠軍頭銜授予一名高中生，該學生利用一台擁有七百六十萬個乳腺癌患者的樣本數據的機器，設計出一種給病人活體組織切片的算法來確定乳腺癌細胞的位置，準確率高達百分之九十五以上，超出了職業醫生的水準。

如果說以前的機器需要人親自手動操作，那麼人工智慧程式下的機器人不僅能實現遠程操作，還能夠從事長時間的複雜

活動。在醫療這個複雜且高深的領域，如果以為 AI 機器人只能簡單地進行問診和檢查，那麼似乎太過低估了它的能力。在大數據爆發中發展起來的人工智慧，未來將在 5G 時代創造一個又一個不可能。

其中創造的一個不可能，就是醫療中的外科手術。

二十一世紀初，經過長期研發和反覆試驗，美國直覺手術公司（Intuitive Surgical, ISRG）推出達文西手術系統（Da Vinci Surgical System），並在接下來的幾年中不斷改良產品，使之逐漸掌握各種複雜的外科手術，如膽囊摘除術、胃底折疊術等。這款手術系統的終端是一台人工智慧機器，設置雙醫生控制台，採用交換控制的方法讓醫生共同控制機器人的器械來輔助手術。與人類不同的是，手術機器人的每一條機械手臂都比人類靈活很多，並且手術的傷口非常小，準確率極高。透過自身的智慧學習機制，隨著手術量的增加，它還可以自動提高自身水準，比人類醫生有更強的穩定性。截至目前，全球配備的達文西手術機器人已超過三千具，成功完成超過三千萬台手術。

無論是人機對戰還是人機合作，其中蘊含的巨大機遇早已為人所知。想在 5G 時代依靠人工智慧進行產業革新，人工智慧的研發已經刻不容緩，美國和歐洲已經搶灘佈局，中國也在躍躍欲試。

AlphaGo 大戰人類圍棋大師之後，二〇一七年的夏天，智慧高考機器人分別在北京和成都的高考考場亮相，一個是學霸君開發的 Aidam，另一個是準星雲學科技有限公司開發的人

工智慧系統 AI-Maths，兩個機器人以數學科目為起點，分別只用了不到十分鐘和二十二分鐘答完所有考題，成績分別是一百三十四分和一百零五分。兩者的不同之處在於，Aidam 的工作原理同「深藍」類似，是將試題語言進行語言解構，再從輸入的知識點裡進行搜索，最後提取相關題目知識點進行推理，找出最優解題路徑；而 AI-Maths 則類似於 AlphaGo，主要透過綜合邏輯推理，不斷進行智能訓練來解題。雖然目前考試機器人的研發還不夠成熟，在其他科目上還是一片空白，但未來的人工智慧是否能顛覆傳統教育行業，讓我們拭目以待。

人工智慧的自主學習方法大大超越了電腦的優選方法，在 5G 時代，它將發生革命性的、質的改變。

智慧互聯網將整合行動互聯、智慧感應、大數據、智慧學習的能力，形成一種全新的能力，這種能力能夠滲透到社會生活的每一個角落，影響和改變世界的進程。

智慧互聯網的基本精神

每個行業，每個單位和個人，都有自己的精神，對互聯網來說，也不例外。傳統互聯網和智慧互聯網二者的精神有所區別，智慧互聯網的精神從傳統互聯網發展而來，但又與之完全不同。

傳統互聯網的基本精神是自由、開放、共享

自由是互聯網的基本精神之一。

首先，需要強調的是，從唯物辯證法來看，任何事物都有兩面性，正反相依，福禍並存，且可以互相轉換。自由也不是絕對的，猶如一枚硬幣的正反面，自由和控制也是相依相存的。隨著互聯網的大爆發，人類的訊息傳輸相較於過去的緩慢和閉塞，得到了空前發展，變得更加自由。

網路的發達使人類的訊息互通突破了時間、空間、活動範圍的限制。我們可以隨意搜索自己想要知道的資訊，並且這些訊息沒有國界的限制，在互聯網上，網民可以做你想做的任何合法及合乎道德的事，無論是瀏覽新聞、看視頻或者是寫博客等。除此之外，人們在網路上的思想言論較之過去也更為多元。在許多知名的知識網站上，我們可以提問各種想要知道的訊息，也可以回答任何我們想要回答的來自其他網友的問題；我們可以就某個話題、某一本書、某一部電影展開各種討論和評價，還可以刪除、修正我們所發表過的言論，暢所欲言，且突破身份的限制。這種網路自由大大促進了訊息的傳輸和發展。

開放和自由在互聯網上是並存的。

二〇一八年一月十九日，印度國寶級演員阿米爾・罕（Aamir Khan）攜新作《神秘巨星》（*Secret Superstar*）與中國觀眾見面，引發了廣泛討論。影片中，長期遭受家暴並被禁止唱歌的小女孩經由在 Youtube 上傳自己唱歌的視頻而在網上迅速

竄紅，進而改變了自己的命運。這是互聯網的開放性精神所呈現出來的一個典型事例，正是它的這種特點，使許多新興產業得以出現，成就了互聯網的多樣化和共享精神。

Youtube 最具代表性，它催生出「網紅」這個新詞。

二〇〇四年發生兩起全球性負面事件，一個是美國超級杯不雅事件，一個是印度洋海嘯。這兩個頭條新聞讓美國 PayPal 公司前僱員查德・赫利（Chad Hurley）、陳士俊（Steve Chen）和賈德・卡林姆（Jawed Karim）萌生創建視頻網站供朋友之間分享的想法。二〇〇五年，Youtube 在情人節當天成立，隨後發佈一段時長只有十九秒的視頻《我在動物園》（*Me at the Zoo*）。之後的故事就眾所周知。

一位億萬富翁把 Youtube 稱為「只有白癡才買」的公司，然而，僅一年光景，Youtube 以十六億五千萬美元被谷歌公司收購，此後便一路捧紅了美國歌手賈斯汀・比伯（Justin Drew Bieber）、韓國音樂人朴載相（Psy）、越南裔美妝主播蜜雪兒・潘（Michelle Phan）。並獲得了電子媒體領域最高成就皮博迪獎（George Foster Peabody Awards），成為總統大選的媒體陣地，完成了資訊對全球開放和共享的偉大使命。

互聯網的開放性讓公眾看到了一個資訊包容的時代，而它的資訊共享讓世界的空間感急劇縮小，也讓人們對世界有了更加深刻的認知。在這個基礎上，未來智慧互聯網將面臨更高的要求，傳統互聯網的基本精神已不能涵蓋智慧互聯網，而是要構建一套更完善的安全體系，以及管理更嚴格、高效和方便的

用戶體驗。

　　傳統的互聯網建立在一個訊息傳輸不夠暢通的時代，藉由過互聯網的體系，打破訊息傳輸的限制，獲得高效率的訊息傳輸，是傳統互聯網的信仰與基本理念。在互聯網誕生之初，「在網路上，沒人知道你是條狗」（On the Internet, nobody knows you're a dog）被廣為傳誦，互聯網肩負打破舊的訊息傳輸體系的使命。也正是這種基本精神，讓人類社會進入一個革命性的訊息傳輸時代。

智慧互聯網的精神是安全、管理、高效、方便

　　傳統互聯網以固定的網路為基礎，個人電腦是主要的終端，在訊息交流不暢的時代，這種網路可打破屏障，實現高速度訊息傳輸。

　　行動互聯網時代主要的終端為智慧手機，位置、行動支付是最重要的功能，互聯網從訊息傳輸逐漸走向生活服務。

　　智慧互聯網終端除了智慧手機、個人電腦之外，大量的智慧終端加入進來，社會生活中大量普通設備將被添加通信功能，互聯網滲透到社會生活的每一個角落。它的能力不限於訊息傳輸、生活服務、社會管理，甚至滲透到了生產組織。因此，處於新時代的智慧互聯網的基本精神，不再是傳統互聯網的基本精神所能涵蓋的。

　　當傳統互聯網為人們的工作、學習和娛樂帶來前所未有

的新體驗時，其負面影響也隨之而來。傳統互聯網在安全監管上爭議不斷，個人訊息洩露、賬戶被盜等負面消息層出不窮。二〇〇八年，令人震驚的娛樂圈不雅照事件，由於網路監管欠佳，個人隱私被不間斷地被侵犯，造成香港娛樂圈呈癱瘓之勢；無數民眾的憤怒聲討，給眾多藝人帶來極大的身心傷害，而這些資訊的快速傳遞，無疑觸犯了神聖的法律，為世人敲響警鐘。

二〇一七年五月，繼「熊貓燒香」病毒席捲中國之後，勒索軟體「想哭」（WannaCry）橫掃全球，波及上百個國家，襲擊成千上萬台系統，影響高等院校、醫院、警察局等重要部門，英國醫療系統癱瘓，中國校內網也被感染，後果嚴重。

與傳統互聯網不同的是，在智慧互聯網時代，自由、開放、共享將不再是核心價值。關於智慧互聯網的核心價值，我將其定義為四個精神，分別是：安全、管理、高效、方便。

(1) 安全：如果這個網路不安全，那麼它是沒有價值的。因為智慧互聯網大量的應用和服務與社會安全、生活安全息息相關。試想，如果一個智慧交通系統是不安全的，一個智慧健康管理系統是不安全的，它造成的損害可能比貢獻還要大，因此，安全是智慧互聯網的第一個要求。必須確保安全，這個網路才有價值。

(2) 管理：在傳統互聯網時代，可能會覺得管理的價值不大，不應該由政府來管理，甚至不應該管理，互聯網就應該是自由開放的。事實果真是這樣嗎？以臉書（Facebook）的「用戶訊

息洩露」事件為例。英國劍橋分析公司（Cambridge Analytica, CA）在二〇一六年美國總統大選前違規獲得了五千萬個臉書用戶的訊息，並根據這些訊息成功地幫助川普（Donald John Trump）贏得了美國總統大選。從這個層面而言，管理是非常重要的，需要用完備的法律行政手段進行管理。而有大量的攝影機、無人駕駛汽車、智慧家居加入的智慧互聯網，管理是保證這個體系正常運作的基本手段。

(3) 高效：5G 可以極大地提高社會效率。以交通為例。現在一些地方交通嚴重壅塞，是因某些道路在某些時段車流量太大造成的。智慧交通將會形成一個高效的交通體系，利用搜集數據進而合理的疏導車流。最高階的智慧交通是所有的車都要由中央控制中心控管，比如以什麼速度走哪條道路。

(4) 方便：相較於傳統互聯網，智慧互聯網會讓我們的生活變得更為便捷。4G 已經把行動電子商務、共享單車、共享汽車、外賣服務、行動支付帶入人們的生活，5G 基礎上的智慧互聯網會大大提高一切社會生活的效率，讓用戶感受到前所未有的方便與快捷。

具體來說，如果新一輪的訊息革命想要獲得大眾的充份認可，安全至為關鍵。從目前的發展趨勢看，未來將是行動互聯的天下，而確保個人訊息安全是智慧互聯網首先要解決的問題。傳統互聯網的主要任務是完成訊息傳輸的使命，智慧互聯網則需要更好地、更深度地參與整個社會生活體系，包括智慧交通體系和健康管理。試想，如果智慧交通數據遭到駭客攻擊，整

個城市將會上演無人駕駛的現實版《生死時速》（*Speed*，又譯《捍衛戰警》），那無疑是一場災難。如果某個大人物的個人健康訊息數據被洩露，那麼受損的也絕對不會是單一個人，而是整個群體或整個公司。儘管人們對智慧互聯網充滿期待，但對安全也提出了更高的要求，正因如此，必須更加完善網路管理制度。

正如傳統互聯網的開放和自由並存，未來智慧互聯網時代，安全與管理也必然相依相存。傳統互聯網的監管存在很多漏洞，管理制度並不完善。到了 5G 時代的行動互聯，訊息的傳輸和泛在網將迎來前所未有的大爆發，想要在這場革命中行穩致遠，一套嚴格、全面的管理體系必須建立起來，為公眾所知，傳達出訊息管理和安全的精神，否則，會很容易引發嚴重的社會問題。

除了智慧交通，未來的智慧醫療將會有大量病患的個人訊息和治療進度數據，如何進行治療，如何長期追蹤病情，這些問題的相關訊息如果不加以管理，那麼這些私密性訊息很可能洩露，並被不法份子用於其他用途，醫療機構的許多業務將無法開展，整個醫療體系可能面臨癱瘓。

如果說安全和管理是智慧互聯網的基本精神，那麼高效和方便就是它的核心精神。

行動互聯和大數據到了 5G 時代將全面爆發，如果有完備的安全和管理體系做保證，那麼智慧互聯網的高效運作一定會是所有用戶的直觀感受，整個社會各個領域前進的齒輪猶如安裝

上了高速馬達，不停運轉。與此同時，社會效率的提高也將使
人們的生活更為方便。人工智慧一旦全面開展，智慧生活根本
無須手動管理，爐火純青的感應器和智慧家居的開啟和調節完
全不會浪費你任何多餘的時間在操作上。

Chapter 2

什麼是真正的 5G

行動通信的發展變化

　　將時間幅度拉長來看，人類的通信最開始是面對面的交流，最早的遠距離通信是用狼煙傳遞敵人來了的消息，更成熟一點的通信方式是把文字寫在紙上，經由驛站運輸的方式將消息傳遞給別人。驛站通信是過去很長時間內最先進的通信系統，但是它的缺點也十分明顯：不能做到即時通信。

　　人類最早出現的即時通信是透過電報的方式傳遞基本訊息，後來出現了固網電話。相較於需要編解碼過程、具有滯後性的電報通信，電話可以直接傳遞訊息，但無論是採用銅線還是光纖，固網電話都會受到使用地域的限制，所以我們需要找到一種新的技術，可以隨時隨地實現即時通信。

1G：人類進入行動通信時代

　　第一代行動通信的想法是在一九三九年的萬國博覽會上，由美國當時最大的電信營運商美國電話電報公司（AT&T）提出的。這個想法被美國聯邦通信委員會（FCC）駁回了，因為就像蓋房子必須要有地一樣，做行動通信技術必須要有頻譜，而當時合適的頻譜統統掌握在科學研究機構、軍事部門、警察機構、廣播電視台等手中。

　　這件事情擱置了三十年。一九六九年，電視技術由無線過

渡到了有線。因為有線傳輸更加穩定、品質更高，所以很多電視台退回了它們擁有的頻譜，此時行動通信才有了可供使用的頻譜。美國聯邦通信委員會想到，可以把這些頻譜用於擱置了幾十年的行動通信，這才開始推動美國電話電報公司開發行動產品。

這時，美國另外一家公司也開始了民用行動通信的研究，這家公司就是摩托羅拉（Motorola），該公司最早開始在軍用通信領域有一定的技術積累。摩托羅拉行動通信的負責人馬丁·庫珀（Martin Lawrence Cooper）要求技術部門四十五天設計出一款手機，這就是世界上最早的一部概念手機。

直到一九七三年，手機才正式定型，當時一個基地台（Base Station）只能同時支持四個人打電話，手機和基地台連接後才能打電話，基地台顯示是紅燈就是被別人佔了，綠燈就可以給別人打電話。

此時需要尋找新的技術和辦法，以支持更多的人同時打電話。這時出現了一個非常重要的事件，美國電話電報公司成功建立蜂巢狀行動通信網（Cellular Network），並使用類比式行動電話系統（Advanced Mobile Phone System, AMPS）技術，在芝加哥開通了第一個類比蜂巢式商業試用網路。什麼是蜂巢式通訊技術？就是一個基地台覆蓋六邊形的蜂巢區域，每個基地台使用相同的頻譜，採用頻譜複用的方式，使得頻譜可以重複使用，達到很少的頻譜大家可以重複使用的效果。

此時的電話才真正可以商業化。世界上第一個商業化行動

通信網於一九七九年在日本建立，此後的兩年，巴林和北歐也開始建立蜂巢式行動通信網。因為行動通信不需要拉很多線到每家每戶，再使用交換機連接，所以對於新興經濟體而言，行動通信的建設成本要遠遠低於固定式電話成本。

但有趣的是，此時的美國仍未開始建設行動通信。出於市場競爭的理念，美國聯邦通信委員會用多年時間審查，希望找到一個全面公平的行動通信競爭環境。一九八一年三月，美國電話電報公司和摩托羅拉公司還在苦苦等待。

從時間上看，美國人研究蜂巢式行動系統最早，但最早應用的卻是其他國家，對此，美國人覺得難以接受，甚至認為是「奇恥大辱」。不過，真正解決這個問題，還是需要一些技巧。怎麼辦？他們最後也用了打通人際關係，「走後門」的做法。

現在看起來，當時的處理方式十分有趣。摩托羅拉公司的首席執行官鮑勃・加爾文（Bob Galvin）和當時的美國副總統喬治・布希（George Herbert Walker Bush）是老朋友，一次，他給布希打電話，說要帶自己的小孫子去布希辦公室。在辦公室聊天時，加爾文問布希：「你見過手提電話嗎？」布希說：「不，我沒見過。」

加爾文就拿出他的手機給布希，讓布希給他的太太芭芭拉（Barbara Pierce Bush）打個電話，布希於是用手機和太太聊了好一會。很顯然，布希被這個新產品打動了，作為消費者，他第一次感受到手機竟然如此方便，於是他建議應該讓隆納德也看看這個手機。加爾文沒還反應過來，問哪個隆納德，布希說

就是當時的總統隆納德・雷根（Ronald Wilson Reagan）。

隨後，加爾文去見了雷根總統，雷根看了這個手機，問：「這個東西做得怎麼樣了？」

加爾文說：「我們很久以前就可以上市了，但是閣下的聯邦通信委員會卻不讓動。」

雷根轉身對秘書說：「給他們打個電話，讓他們立即頒發上市許可證。」

兩個月後，已經推遲了八年、不斷討論的許可證終於頒發了，美國由此得以進入行動通信時代。此時，相對於世界上最早的蜂巢式行動通信網，美國遲了兩年。

就這樣，人類開始了行動通信時代。當時我們並沒有代的概念，現在來看，那個以類比通信為基礎的就是第一代行動通信，今天被稱為 1G。

蜂巢式行動通信毫無疑問是行動通信史上的一次重大革命，整個二十世紀八〇年代，類比式蜂巢系統在歐洲和美洲得到廣泛應用。相比較西方國家和亞洲已開發國家，行動通信的步伐在中國稍顯緩慢。一九八七年十一月十八日，中國首個完全存取通訊系統（Total Access Communications System, TACS）類比式行動電話系統在廣東省建成，與此同時，中國第一個行動電話局也在廣州開通，第一代類比式行動電話進入中國，那種價格昂貴體積龐大的手機被人們稱為「大哥大」。

1G 時代實現了行動電話語音傳輸，中國移動電話公眾網由美國摩托羅拉行動通信系統（A 系統）和瑞典愛立信（Ericsson）

行動通信系統（Ｂ系統）構成，即 A、B 網。A、B 網之間是不通的，所以當時的手機是不可以漫遊的。如果你在北京要去石家莊出差，因為兩地都是 A 網，所以可以接通；如果你在北京要去成都出差，因為成都是 B 網，所以不能接通。行動手機功能僅限於語音通話，身軀厚實笨重，因此也俗稱「磚頭手機」。

彼時，手機市場由摩托羅拉和愛立信公司一統江湖，最典型的就是二十世紀末香港警匪片中出現的摩托羅拉 3200 以及市場上的 8000X。這一批大哥大機型問世以後，在廣州立刻供不應求，而一部手機的價格高達兩萬元以上，對於當時平均月薪不到百元的普通老百姓而言，是望塵莫及的稀罕物，因此，在那個年代，「大哥大」在很大程度上是財富與地位的象徵，首批行動電話使用者僅限於商務人士、政府高層官員。

第一代行動通信主要用的技術是類比式通信。所謂「類比式通信」，就是把我們的聲音變成電波，通過電波傳輸，再將電波還原成聲音。所以第一代行動通信存在著品質差、安全性差、易受干擾、頻譜利用率不高等缺點，但它建立了行動通信最基本的能力，比如說蜂巢通信、頻譜複用等核心技術手段。

1G 時代解決了最基本的通信移動性問題，在以後的歲月裡，行動通信產業還要禁受一系列變革。類比式蜂巢通信技術和磚頭手機在帶給人們驚喜的同時，也暴露出嚴重的弊端：類比式技術存在容量小的問題，手機盜號現象猖狂，在實現行動通信的基礎上，人們對於價格、通話質量、異地或跨國漫遊的期望也隨之而來……然而這些都是 1G 無法滿足的。一九九九年，A 網和 B 網正式關閉，數位通信應運而生。

2G：數位時代到來

　　與第一代行動通信相比，第二代行動通信的技術更進一步，其中的關鍵差異在於，它是先將聲音的訊息變成數位編碼，通過數位編碼傳輸，然後再用對方的調制解調器解開編碼，把編碼解調成聲音，所以第二代行動通信具有穩定、抗干擾、安全的特點。因為採用數位編碼的技術，所以也實現了一些 1G 時代下不能實現的東西，比如：來電顯示、呼叫追蹤、短訊等。

　　更為重要的是，從第二代行動通信開始，全世界就出現了行動通信標準的競爭，在這一過程中，國際電信聯盟（ITU）扮演了非常重要的角色。

　　通信產業表面上是各大電信公司和手機商的集體廝殺，實則為國家之間戰略軟實力的激烈角逐，一旦搶佔先機，便可打個漂亮的翻身仗，長期佔有主動權，在產業中居於主導地位。第一代行動通信由摩托羅拉壟斷，美國人獨佔鰲頭，而第二代行動通信則出現了百家爭鳴的局面，全世界幾大有實力的經濟體都在制定自己的標準。

　　說到美國的第二代行動通信技術，就不得不提分碼多重存取（Code Division Multiple Access, CDMA）技術的發明人海蒂·拉瑪（Hedy Lamarr）。

　　海蒂·拉瑪是一位通信專業的學生，長得十分美麗迷人，此後她放棄了通信專業，成為了影視明星。從十六歲開始，她開始了表演生涯，兩年後，年僅十八歲的海蒂擔任電影《神魂

顛倒》（*Ecstasy*）的女主角。

　　海蒂·拉瑪家庭條件優越，父親是銀行家，母親是鋼琴家，但她不想像傳統的大家閨秀那樣生活，而是選擇了另一條路。二十歲時，拉瑪嫁給當時赫赫有名的奧地利軍火商弗里茨·曼德（Fritz Mandl），這個軍火商為納粹製造軍火，尤其是生產飛行控制產品。聰慧的拉瑪從丈夫那裡瞭解到了通信技術，包括軍事保密通信領域的想法。一九三七年德奧合併，身為猶太人的海蒂·拉瑪決定離開丈夫。在一次晚宴中，趁丈夫忙於應酬，她藥翻了女傭，翻窗而出，徑直乘火車逃往巴黎，其後輾轉進入美國，被美國米高梅公司（MGM）的導演發掘，正式進入好萊塢。

　　因為走得太匆忙，海蒂·拉瑪逃離丈夫時什麼都沒有帶，但她的腦子裡卻藏著「無價之寶」，她把納粹無線通信方面的「軍事機密」帶到了盟國。這些機密主要是基於無線電保密通信的「指令式導引」系統（command guidance system），其作用是能自動控制武器，精確打擊目標，為了防止無線電指令被敵軍竊取，需要開發無線電通信的保密技術。

　　四〇年代初，海蒂在好萊塢結識了音樂家喬治·安塞爾（George Antheil）。喬治·安塞爾也痛恨納粹，海蒂向喬治提出建立一個祕密通信系統的想法，想要研發出能夠阻止敵軍電波干擾或防竊聽的軍事通信系統。借鑑喬治所熟悉的鋼琴，按照海蒂的想法，一個能夠自動編譯密碼的設備模型被開發出來。靠著兩人的智慧及其他科學家的幫助，他們完成了這項研

究。一九四一年六月十日，兩人申請了專利，這就是跳頻技術（Frequency-Hopping Spread Spectrum, FHSS）。

　　冷戰期間，因為特殊的時空環境需要，跳頻技術被廣泛用於隱蔽通信產品。冷戰結束後，跳頻技術終於被解密，允許進入民用領域，頻率同步方法也從機械轉向電子化，在無線電通信上取得了較大發展。一九八五年，美國一家成立於聖地牙哥的公司悄悄地研發出 CDMA 無線數位通信系統，它的基礎就是跳頻技術，而當初這家小公司就是如今聞名全球的高通（Qualcomm）公司。

　　那什麼叫分碼多重存取？舉個例子。我們大家一起說話，有的人講中文，有的人講日語，有的人講德語，只說中文的人真正能接受到的訊息就是中文。分碼多重存取的技術也是這樣，把數據訊息打成數據包，在數據包裡面用不同的碼分成不同的地址，大家接收的時候就只能接收我這個編碼的訊息，這類似於發快遞，一號是你的，二號是我的，這個標準是全世界在通信質量中最優秀的一個標準。

　　此時的日本也在做行動通信，因為二十世紀八〇年代經濟最強勁的國家就是美國、日本和歐洲，所以日本做了個人掌上型電話系統（Personal Handy-phone System, PHS）的標準，這也正是中國小靈通的技術來源。

　　當數位通信的風剛颳起來時，歐洲各國意識到問題所在，於是採取了緊緊抱團的策略：吸取 1G 時代的教訓，如果各自閉門造車建立標準，是根本無法與美國相抗衡的。歷史的年輪

總是有跡可循，幾十年來，歐盟與美國一直在相互較量，早在一九八二年，歐洲郵電管理委員會（CEPT）就成立了「行動專家小組」（Groupe spécial mobile），專門研究通信標準。

一九九一年，愛立信和諾基亞（Nokia）在歐洲搭建了第一個「全球行動通信系統」（Global System for Mobile Communications, GSM），並在芬蘭正式投入商業營運，標誌著第二代行動通信技術，也就是 2G 時代正式到來。一年以後，歐洲標準化委員會（CEN）制定統一標準，採用數位通信技術和統一的網路標準，並開發更多的新業務給用戶。GSM 的技術核心是分時多重存取（Time Division Multiple Access, TDMA），特點是把一個信道分給八個通話者，一次只能一個人講話，每個人輪流使用八分之一的信道時間。這種系統容易佈建，支持國際漫遊，並有用戶身份模組（Subscriber Identity Module, SIM）卡，由於採用數位編碼取代原來的類比信號，這一代行動通信技術最大的突破就是能夠支持發送一百六十個字長度的短訊。

於是，二十世紀八〇到九〇年代期間，全世界就有了三大標準，它們各自發展。歐洲各國緊密團結，搶佔先機。美國的 CDMA 起步晚於 GSM，剛一問世，便已失去半壁江山。與此同時，高通公司並沒有手機製造的經驗，歐洲的電信公司們並不關心它的知識產權，媒體也不捧場，只有極少數美國電信公司使用這個系統，因此基地台的建立也達不到預期效果。2G 時代，美國的 CDMA 標準失去了 1G 時代的優勢地位。

CDMA 失去優勢地位，也間接對摩托羅拉帶來負面影響。

2G 時代，數位行動電話逐漸取代類比式行動電話，摩托羅拉的類比式行動電話雖然在市場上仍佔有百分之四十的份額，但在數位行動電話市場的佔比卻微乎其微。雖然摩托羅拉之後也曾推出像「掌中星鑽」（StarTAC）那樣的經典產品，但依然無法挽回其沒落的命運。估計它做夢也沒想到，自己壟斷 1G 時代的巨頭地位最終會被一家來自芬蘭、以伐木造紙起家、一九九二年才推出第一款數位手機的公司徹底擊潰，這家公司就是諾基亞。

　　二〇〇二年，著名導演史蒂芬‧史匹柏的大作《關鍵報告》（*Minority Report*，又譯《未來報告》）上映，諾基亞 7650 手機藉助該電影名噪一時。這款手機造型新穎，科技感十足，並且帶有照相機、滑蓋和五維搖桿，也是諾基亞第一款彩色螢幕手機。這一大膽嘗試讓諾基亞 7650 手機名聲大噪，以超過百分之四十的市場份額拿下驚人銷量。雖然索尼愛立信（Sony Ericsson）也在 2G 時代創下不俗業績，並在二〇〇三年推出經典的 T618 手機，但整個手機市場依然是諾基亞獨領風騷。

　　技術的革新也讓手機的成本大幅度降低，雖然價格依然較高，但已不再是奢侈品，手機逐漸走進千家萬戶。

　　在中國引入行動通信標準的問題上，當時的中國郵電部部長吳基傳首先否定了個人掌上型電話系統（PHS），因為該技術如果大規模使用的話，成本比較高，傳輸的效果也不好，適應能力也不夠。

　　一九九四年作為中國電信改革的第一步，中國聯通成立。中國聯通在成立幾個月後宣佈在中國大陸三十個省會級城市佈

建 GSM。消息宣佈後，中國郵電部在河北廊坊召開了緊急會議，會後郵電部移動局宣佈在中國五十個城市佈建 GSM，中國的行動通信正式進入 2G 時代，逐漸建立起世界上最大的兩個 GSM 網路。

後來，在中國加入世界貿易組織（WTO）的談判中，被作為與美國進行利益攻防的籌碼，中國聯通只好又建立了一個 CDMA 網路。

2G 時代，通信技術從類比向數位發展，不僅對傳輸的語音進行了數位編碼，保證了語音的高品質、抗干擾能力，同時也增加了數位通信的能力（比如短訊），還可以提供來電顯示等數位通信服務，網速達到 9.6Kbps，採用整合封包無線電服務（General Packet Radio Service, GPRS）技術可以達到更高。隨著用戶量的高速增長，2G 的容量與速度遭遇瓶頸，加上多媒體的興盛，2G 技術已無法滿足行動多媒體發展的需要。

回顧整個 2G 時代的發展歷史，可以看出如下幾個問題：

只有經濟實力和技術較強的經濟體才能制定通信標準；在通信標準推廣的過程中，國家在其中扮演了至關重要的角色，比如美國在中國謀求加入世界貿易組織時，以必須採用 CDMA 作為重要條件，而歐洲通過國際組織來統一標準，幫助歐洲企業發展。

建立通信技術標準對一個國家的經濟技術發展來說，重要性不言而喻。在互聯網時代，電腦所有的標準——操作系統、中央處理器（CPU）等甚至包括電腦的生產都是以美國為主的；在

行動通信時代，歐洲開始奮起直追，愛立信、諾基亞、飛利浦
（Philips）、西門子（Siemens）、阿爾卡特（Alcatel）、薩基姆
（Sagem）都發展成為很大的企業。所以，就這個角度而言，全
世界有實力的國家，都必須在通信技術標準上有所作為。

3G：數據時代到來

從 1G 到 2G，通信技術經歷了重大變革，整個行業在短短
數十年間已然來了個大洗牌。中國有句老話：風水輪流轉，時
間講述的不僅是故事，內裡還藏著無數的彩蛋。當歐洲率領著
GSM 和諾基亞稱霸 2G 時代之時，本已暗淡無光的美國高通公
司與韓國人攜手合作，悄然崛起。

一九八五年，麻省理工電機工程博士歐文‧雅各布（Irwin
Jacobs）和維特比演算法（Viterbi algorithm）鼻祖安德魯‧維特
比（Andrew Viterbi）賣掉位於加州聖地牙哥的電子通信公司，
成立高通公司，將冷戰時期軍方通信採用的 CDMA 技術實現商
業化，並大大改善了該技術的功率問題。只可惜，在 2G 時代由
於被歐洲領先一步，GSM 的 TDMA 技術已得到美國通信工業協
會的認定，雖然 CDMA 有大容量和高品質的通話效果，但技術
很複雜，所以並未獲得電信公司的青睞。

一九九〇年十一月，高通公司與韓國電子通信研究院
（ETRI）簽署了關於 CDMA 的技術轉讓協定。CDMA 被韓國
定為 2G 行動通信的唯一標準，高通公司每年在韓國收取的專利

費中上交百分之二十給韓國電子通信研究院。在這之前，韓國的通信產業總體十分薄弱，協定簽署之後，韓國三星、LG 等大品牌得到大力支持，專注於 CDMA 的商業化使用。

經過五年發展，韓國行動通信用戶突破百萬，SK 電信成為全球最大的 CDMA 電信公司，三星電子成為全球第一個 CDMA 手機出口商，而高通公司則憑藉與韓國通信業的合作，一舉成為世界跨國大公司，並在 3G 時代完美翻身。

歐洲各大廠商聯合日本等採用 GSM 標準的國家成立第三代合作夥伴計劃（3rd Generation Partnership Project, 3GPP）組織，開發制定第三代通信標準，即寬頻分碼多重存取（Wideband Code Division Multiple Access, WCDMA）。高通公司見狀，趕緊又和韓國人聯合組成第三代合作夥伴計劃 2（3GPP2）組織，制定出 CDMA2000。

與此同時，中國也踏出了嘗試的第一步。一九九八年一月，關於候選技術提交和中國確定 3G 候選技術策略的會議在香山召開。在會議上提出了分時—同步分碼多重存取（Time Division-Synchronous Code Division Multiple Access, TD-SCDMA）標準制訂的提案。與會的有二三十人，整個過程爭論不斷，百分之九十的人都持懷疑態度。事實上，專家們的懷疑態度是有特殊背景和道理的。此前，國際標準一直是西方人的天下，談到行動通信標準，不但成本非常高，難度也大，中國能否玩得起這個遊戲是個未知數。說得直白一點，好比一種衝撞激烈的比賽，從來沒玩過的人，對於要不要入場試一試，心裡很忐忑。

　　面對爭議，時任中國郵電部科技委主任宋直元拍板：「中國發展行動通信事業不能永遠靠國外的技術，總得有個第一次。第一次可能不會成功，但會留下寶貴的經驗。我支持把 TD-SCDMA 提到國際上去。如果真失敗了，我們也看作是一次勝利，一次中國人敢於創新的嘗試，也為國家做出了貢獻。」

　　TD-SCDMA 技術，是由中國郵電部電信科學技術研究院——後來的大唐電信——提出的。說起 TD-SCDMA 技術，有一個人不得不提，他就是中國「3G 之父」李世鶴。

　　李世鶴在國外工作的時候，研發了同步分碼多重存取（Synchronous-Code Division Multiple Access, SCDMA）技術——全世界使用智慧天線技術較早的技術，並取得了一定成果。回國後，他便去了信威通信技術股份有限公司，專注於 SCDMA 的研發工作，並將之應用到了農村的行動通信中。在這個過程中，有人提出：「我們中國也可以搞一個行動通信標準」，當時恰逢國際電信聯盟在徵集第三代行動通信標準，又有人提議：「我們是不是也可以參加？」

　　李世鶴覺得這想法不錯，於是積極地與多人探討、交流，希望能從中得到一些靈感。在交流的過程中，他遇到了一位「貴人」——德國西門子行動通信標準的負責人李萬林。經過一番交談，李萬林覺得李世鶴是個有想法也很有能力的人，於是邀請李世鶴到德國去做交流。

　　因為第三代行動通信標準是面向全世界徵集的，各國都在熱火朝天地進行研發，大家都有自己的想法和技術，西門子也

不例外，當時西門子提出的想法是用分時分碼多重存取（Time Division-Code Division Multiple Access, TD-CDMA）來做行動通信標準。

電話裡有紅綠兩根線，一根線負責將訊息傳送過來，一根則負責將訊息傳送出去。通信講求雙向工作，那麼，如何做到雙向工作呢？行動通信提出了兩個理念。

一是分頻雙工（Frequency-Division Duplex, FDD），即上行鏈路和下行鏈路的傳輸分別在不同的頻率上進行，通俗一點說就是劃分兩個不同的頻率進行雙向工作。例如：32.4Hz ～ 32.6Hz 這段頻率是專門給你傳送信號的，32.8Hz ～ 33.0Hz 這段頻率是專門給我傳送信號的，用這兩段不同的頻率分成兩條線道，一條負責訊息傳出，一條則負責訊息傳入。二是分時雙工（Time-Division Duplex, TDD），即用同一段頻率，以時間為劃分點進行信號的傳入和傳出。例如：在 32.4Hz ～ 32.6Hz 這段頻率裡，一會兒是傳給我的訊息，一會兒是傳給你的訊息，這樣交替進行。FDD 的優點是：有兩條線，各自負責各自的部份，就像一條高速路被分成了兩條路、兩個方向，效率非常高，但缺點是「佔地多」，使用率較差，頻率需要成對的，而每對頻率間還需要有段間隔以防每對頻率間的相互干擾，所以就會佔用很多的頻率資源。而 TDD 則是修一條「路」，所以「佔地」比較少，也因此效率不及 FDD，但如果速度是非常快的，比如以超高速來回傳送，那麼即使是在一條「路」上跑，也不會有太大的影響。簡而言之，這兩種技術有各自的優劣之處。

　　李世鶴前往德國西門子赴約。因為他研發的 SCDMA 技術在智慧天線上也很有創見，所以李世鶴就向西門子提議將他的 SCDMA 技術與西門子的 TD-CDMA 結合做出一個新的標準。然而，當時整個歐洲已經決定採用 WCDMA 技術了，考慮到整個歐洲的利益，西門子不同意自己再單獨做一個標準出來。

　　但是西門子表示，如果中國人想自主研發一個標準，完全可以自己做，西門子則提供 TD-CDMA 的一部份技術，比如開發工具、開發思路等作為參考。就這樣，獲得西門子技術支持的李世鶴帶著自己的學生一起參加研發討論工作。TD-SCDMA 技術也就在李世鶴團隊一次次的研發中逐漸成形。

　　一九九八年六月三十日，是國際電信聯盟徵集標準的最後一天，過了這一天所有遞交的標準都是無效的。也就是在這一天，中國把自己研發的標準提交了上去。選在這一天提交的原因有兩點：一是 TD-SCDMA 標準需要時間反覆地修改、完善；二是不希望太早提交，讓別人知道中國也做了個標準。當時對一些自主研發的技術希望做到對外保密。

　　國際電信聯盟總部在瑞士日內瓦，當聽說中國也提交了標準，國際電信聯盟標準化局的中國籍局長趙厚麟，立馬前去一看究竟。這一看看出問題來了，標準的署名居然是北京信威通信技術股份有限公司。趙厚麟立即聯繫相關人員，告訴他們必須要以中華人民共和國郵電部的名義提交。因為信威公司是沒有權利向國際電信聯盟提交標準的，如果就這樣提交，這個標準就相當於作廢了。可是，時間已是最後的期限了，之後再提

交就失效了。幸運的是，中國和瑞士正好有七個小時的時差，所以得到時任中國郵電部部長簽字的 TD-SCDMA 標準才得以在規定時間內重新提交。

當時全世界提交的第三代行動通信標準主要是：美國的 CDMA2000、歐洲的 WCDMA、中國的 TD-SCDMA。

討論第三代行動通信標準的會議從一九九八年開始到二〇〇〇年結束，持續了將近兩年的時間。當時的想法是讓全世界的行動通信統一到一個標準上來，但在這個過程中歐、美兩大派互不相讓，而歐洲更是以國家多、得票率高而佔據了優勢，美國的支持率低，自然話語權就不夠，所以到最後幾乎就成了歐洲的「天下」。美國認為到最後極有可能就是由歐洲的 WCDMA 標準當選，它當然不能接受這樣的結果，所以美國代表團就主動找到中國代表團說：「與其讓歐洲標準獨大，不如中美聯合起來相互支持，扭轉局面。」就這樣，由於中美的相互支持，第三代行動通信標準也就從「險些一家獨大」變成了「三足鼎立」。

二〇〇〇年五月，國際電信聯盟正式發佈第三代行動通信標準，中國的 TD-SCDMA、歐洲的 WCDMA 和美國的 CDMA2000 一起成為 3G 時代三大主流技術。隨著 3G 時代到來，人類也迎來了智慧手機的時代。

一九九六年，微軟公司發佈第一款智慧手機操作系統 Windows CE，但由於沒有行動端的實戰經驗，其系統速度十分緩慢；一九九八年，英國 Pison 公司與諾基亞、愛立信和摩托

羅拉合資成立塞班（Symbian）公司，專門研發對抗微軟的手機
操作系統。但就在技術更迭的關鍵時期，歐洲人那根深柢固的
古板和傳統拖了後腿，在二〇〇四年之前的整個五年間，諾基
亞仍然以傳統手機功能為主打，十分保守，聽不進任何關於開
發多功能的建議，更別說觸控式螢幕和應用程式（Application,
App）的開發。

　　就在塞班和微軟公司廝殺，諾基亞繼續壟斷手機市場的大
環境下，蘋果公司卻在借鑑這兩款手機的技術，並收購了一家
研發觸控技術的公司—— FingerWorks。二〇〇七年一月，賈伯
斯發佈第一代 iPhone。

　　iPhone 1 憑藉各種主打應用，簡潔的介面，螢幕觸控技術，
以及應用商店的統一平台，一戰成名，也一舉擊潰耗費七年研
發的塞班系統，成為智慧手機發展史上的重大轉折，智慧手機
市場在二〇〇八年以後全面爆發。

　　二〇〇八年五月，中國鐵通併入中國移動。同年六月，中國
聯通開始與中國網通合併，中國電信以總價一千一百億元收購聯
通 CDMA 網路。二〇〇九年一月七日，中國終於頒發了三張 3G
牌照，即：中國移動的 TD-SCDMA、中國聯通的 WCDMA 和中
國電信的 CDMA2000。其中，中國移動的技術標準是自主研發
的，在很多方面存在明顯劣勢，同 2G 時代的輝煌相反，中國移
動在整個 3G 時代被中國聯通和中國電信強勢壓制。

　　3G 時代，數位通信向數據通信發展，數據通信不再是語音
通信的附屬。通信速度大大加快，最低速度 384Kbps，經由多種

技術，可以達到 7.2Mbps，比 2G 提高三十多倍。行動互聯網開始發展，加上頻寬飆升，資費也越來越低。2G 時代，1GB 的流量費高達萬元人民幣，到了 3G 時代，1GB 流量價格降至五百元人民幣左右。3G 手機除了高品質的通話以外，還能進行多媒體通信，也能實現與電腦互通傳輸。3G 網路在中國全面建設，搶佔先機的蘋果與三星手機在手機市場呈壓倒式優勢，不過由此而來的用戶量的暴增為之後中國推出國產智慧手機品牌奠定了堅實的基礎，中國迎來更加高速的 4G 時代。

4G：數據全面爆發

時間為每一件事物畫出跌宕起伏的演變史，通信產業的變遷也以人們出乎意料的方式繼續進行。

二十世紀六〇年代，貝爾實驗室發明了正交分頻多工（Orthogonal Frequency-Division Multiplexing, OFDM），八〇年代，該技術已完成框架搭建。早期主要用於軍用的無線高頻通信系統，但由於結構十分複雜，需要處理大量繁雜的數位信號，因沒有成熟的硬體條件而被擱置，到了 3G 時代又是高通的 CDMA 獨佔鰲頭，因此 OFDM 幾乎無人問津。

然而，隨著數位信號處理器和積體電路（integrated circuit, IC）的飛速發展，對於無線通信的高速度要求也日益增長，OFDM 終於重見天日，在軟硬體都成熟的環境下迎來了屬於自己的時代。一九九九年以後，電氣和電子工程師協會

推出無線局域網（Wireless LAN, WLAN）802.11aWi-Fi 標準，
以 OFDM 為物理層標準，傳輸速度高達 54Mbps，之後陸續推
出 802.11n、802.11b、802.16e 和 802.11g 等 Wi-Fi 標準，以 OFDM
為調製方式，加上多輸入多輸出（Multi-input Multi-output,
MIMO）技術，大大提升了傳輸速度、距離和頻譜效率，獲得巨
大成功。

　　4G 時代初見端倪，巨大的市場猶如一塊大餅，引得無數商
家虎視眈眈，還招來了資訊科技產業。OFDM 能再度回到電信
產業的視野，有一家資訊科技公司功不可沒，這家公司就是英
特爾（Intel）。

　　二〇〇五年，英特爾領頭，與諾基亞、摩托羅拉一起宣
佈發展 802.16 標準，將其稱為全球互通微波存取（Worldwide
Interoperability for Microwave Access, WiMax）。該標準將廢置
多年的 OFDM 與分頻多重存取（Frequency Division Multiple
Access, FDMA）技術結合為正交分頻多重存取（Orthogonal
Frequency Division Multiple Access, OFDMA），作為 802.16 的
技術核心，引起行動通信巨頭的極大關注，也因此讓 OFDM
迅速竄紅。相比較 CDMA，OFDM 技術更為簡化，還能有效
消除多徑干擾。二〇〇九年，3GPP 組織提出長期演進技術
（Long Term Evolution, LTE），又在二〇一一年提出其升級版
先進長期演進技術（LTE-Advanced），計劃採用 OFDM，換
掉 WCDMA。各大電信公司也紛紛採用 LTE-Advanced 技術，
宣告第四代通信標準的來臨。鑑於競爭態勢愈發激烈，高通於

是把 OFDM 和 MIMO 技術進行整合，推出超行動寬頻（Ultra Mobile Broadband, UMB）標準，試圖力挽狂瀾，延續 3G 時代 CDMA 的輝煌。與此同時，英特爾強勢推出的 WiMax 也是雷聲大，雨點小。英特爾本是一家半導體公司，卻跑來搶食電信業，同時 WiMax 從 Wi-Fi 演變而來，從屬關係不明，在已經被 WCDMA 基地台全面覆蓋、長期演進技術可將其兼容的情況下，想實現市場化，還得從頭搭建基地台。再者，WiMax 無法進行切換，在大量用戶使用的情況下，壅塞嚴重。雖然 WiMax 也有電信公司支持，但是商業化效果不好，到二〇一〇年宣告失敗。

到了第四代行動通信，中國提出了分時雙工長期演進技術（LTE-TDD），歐洲則在原有的 WCDMA 基礎上提出了分頻雙工長期演進技術（FDD-LTE）。二者都出現了同一關鍵詞，即 LTE，它與 WiMax 以及 3GPP2 組織的超行動寬頻（UMB）技術常一起被稱為 4G。相比 WiMax 的固定無線網路技術，LTE 技術採用了 OFDM 的信號傳輸，也採用了 Viterbi 和 Turbo 加速器。但 WiMax 是來自網際協定（Internet Protocol, IP）的技術，而 LTE 技術是從全球行動通信系統／通用行動通訊系統（Universal Mobile Telecommunications System, UMTS）的行動無線通信技術衍生而來，3GPP 組織計劃在 LTE 技術的下行鏈路使用 OFDMA，上行鏈路採用單載波分頻多重存取（SC-FDMA），可以減少手機耗電。LTE 技術能隨著可用頻譜的不同，採用不同寬度的頻帶，因此 LTE 技術的行動能力比 WiMax 先進。而分頻雙工（FDD）和分時雙工（TDD）是兩種模式，前者用於成對頻譜，

後者用於非成對頻譜。

　　4G 集 3G 和 WLAN 於一體，標誌著數據時代的全面爆發：速度之快前所未有，使音頻、視頻和圖像可以快速傳輸，並且能以 100Mbps 以上的速度下載，滿足幾乎所有用戶對無線網路服務的需求，佈建範圍也大幅度擴張，比起過去的行動通信有著壓倒性的優勢。

　　二〇一三年八月，中國政府專門提出要加快 4G 牌照的發放，用 TD-LTE（TD-LTE 是 LTE-TDD 的商業名稱）進行佈建。4G 網路以點成線、以線成片，在中國穩步擴展。由於 TD-LTE 技術靈活支持 1.4、3、5、10、15、20MHz 頻寬，下行使用 OFDMA，最高速度達到 100Mbps，可滿足高速數據傳輸的要求，給用戶帶來的使用體驗遠超預期，用戶數量急劇上升。截至二〇一八年六月末，中國 4G 用戶數超過十一億一千萬。隨著 4G 網路的蓬勃發展，基礎電信企業加快了行動網路建設，目前中國三大電信公司的網路基地台總和超過六百四十萬個，4G 的基地台超過三百五十萬個，遠超世界其他國家 4G 基地台數的總和。就在這個急速擴大的網路上，中國的手機產業也迎來了大翻身。

　　4G 到來後，隨著上網速度的提升，網路覆蓋能力的加強，人類開始真正進入行動互聯網時代。大量基於視頻的業務開始爆發，視頻播放業務從傳統的電視開始轉向網路，直播業務成為眾多互聯網視頻的主要業務，收費也成為主流，用戶習慣了會員服務的模式。

　　直播的出現，很大程度上影響了人們的娛樂和交流模式。在直播過程中，大量的打賞成為平台和主播們的主要收入來源。傳統互聯網免費模式漸漸式微，服務收費，或是透過應用內收費、打賞的模式被廣為接受。

　　在這個行動互聯網體系中，終端從個人電腦機逐漸轉為智慧手機。蘋果用 iOS 系統、桌面的交互模式以及觸控式螢幕改寫了用戶的體驗與感受，在蘋果的帶動下，Android 系統也把桌面的交互和觸控式螢幕引入到智慧手機中去，漸漸形成 iOS 和 Android 兩大生態體系。透過應用商店整合了成千上萬的應用程式，社會生活中大部份的服務，都可以透過行動應用程式來完成。

　　最早的行動互聯網服務在 3G 時代就開始出現，主要興起於美國，很多基於智慧手機的業務如推特、臉書等完全顛覆了傳統互聯網。很快，這些業務被中國的互聯網開發者模仿和學習，進而開發出微博、微信等產品。

　　4G 到來之後，其大頻寬、強覆蓋的特徵顯露無遺，中國極高的網路覆蓋能力和越來越低的上網費用，推動了中國行動互聯網的發展。通過 3G 的積累與學習，4G 時代的中國行動互聯網全面超越了美國，成為這一領域全世界表現最活躍、最完善的國家。

　　中國行動互聯網最大的特點是通過社交應用平台整合一切服務，其中最有代表性的是微信。如今，微信已經成為一個強大的服務平台，該平台整合了手機遊戲、行動支付、交通服務等各種各樣的服務，藉由社交應用平台的能力，這些業務得到

迅速推廣，相關營運商獲取了很好的經濟回報。

　　中國行動互聯網的另一大特點，是電子支付能力滲透到社會生活的每一個角落，支付寶和微信支付這兩大平台把支付變得極為簡單。正是因為在每一個角落我們都默認會有高品質的 4G 網路存在，所以人們出門才可以不帶現金。今天，從普通生活到公共服務，所有需要進行支付的地方，都可以由電子支付來完成。

　　因為智慧手機提供了定位能力，行動電子支付提供了強大的支付能力，所以中國的共享服務發展迅速，共享單車、共享汽車服務增長迅猛，而外賣這樣的服務滲透到日常生活中。每天上億單的服務讓社會生活變得極為方便。4G 讓數據業務全面爆發，中國真正進入了行動互聯網時代。這個時代，不僅提供高速度的訊息傳輸，還能通過定位、行動終端、行動電子支付，把生活中的很多服務都變得行動化、智慧化。在此過程中，人們享受到了社會生活的便利和高效。今天從飛機值機到火車票訂票，再到坐公共汽車、坐地鐵，在中國，人們都可以透過一部智慧手機來完成這些操作。那種為了一張車票整夜排隊的現象，已逐步消失。

　　行動電子商務、行動支付、共享服務之所以發展迅速，最為底層的基礎是高速度、全覆蓋的 4G 網路，以及相對便宜的通信資費，這才是行動互聯網業務爆發的基石。

5G：人類將迎來智慧互聯網

如果說 4G 改變了人們的生活的話，那麼 5G 的到來將改變我們的社會，也就是說，這種新的改變無論廣度還是深度，都要深刻得多。

4G 改變生活的案例現在已經隨處可見，比如說行動支付、共享單車、行動電子商務，這些事情在 4G 之前是很難實現的。如果那個時候有人說所有人出門只要帶手機就可以完成支付等很多事，大家都會以為是天方夜譚，但在 4G 時代已經變得稀鬆平常。

同時，4G 也讓社會跨越了數位鴻溝。以行動電子商務為例。4G 時代之前，讓偏遠地區的老太太用電腦上網，用網路把農作物賣到城市去，是很難實現的，因為電腦的學習使用門檻非常高。但在 4G 時代，智慧手機幫人們跨越了數位鴻溝，電子商務對於偏遠地區的人來說也可以實現了。

現在來看，行動支付沒有什麼特別，甚至覺得理應如此。但事實上，如果沒有 4G，這些功能根本無法實現。

4G 時代，中國在很多方面領先全世界，對經濟的發展、人民生活的改變、社會效率的提高、社會成本的下降都起了非常重要的作用。

5G 時代，人類將進入一個把行動互聯、智慧感應、大數據、智慧學習整合起來的智慧互聯網時代。在 5G 時代，行動互聯的能力突破了傳統頻寬的限制，同時延遲和大量終端的接入能力

得到根本解決，從根本上突破了訊息傳輸的能力，能夠把智慧感應、大數據和智慧學習的能力充份發揮出來，並整合這些能力形成強大的服務體系。

這個服務體系不僅能改變社會，也將滲透到社會管理領域，改變生活的方式。

5G 改變社會最重要的一個能力，是以低成本去構建高效率的社會運作體系。例如，空氣品質是如今人們非常關心的熱點話題，依靠傳統技術建立起來的監測體系成本高、效率低，無法做到真正意義上的全面監測。在北京也僅有三十五個空氣品質監測點，難以對汙染源進行有效監測。通過 5G 的低功耗網路，打造大量的監測設備，把路燈、電線桿都變成監測點，這不僅可以精確瞭解空氣品質狀況，而且控制企業排汙、瞭解汙染的成因會有更加科學的依據。

可能有人會問，很多能力是不是透過 4G 甚至 2G 網路照樣可以實現？答案是肯定的，但依靠傳統網路不僅成本高，而且也無法支持大量的設備接入。5G 的萬物互聯能力才能真正支持這種大規模接入。

5G 作為一張公共的網路，會被切分成多個切片，在智慧交通、智慧家居、智慧健康管理、工業互聯網、智慧農業、智慧物流、社會服務多個領域廣泛開展服務，不僅能提升社會生活水準，讓人們生活更加方便，更能提升社會管理能力，讓社會管理更加高效，社會公共服務得到全面改善。

5G 的價值，不僅是更快的速度，還有低功耗、低延遲、萬

物互聯等，這些能力讓網路的功能大大延伸。隨著 5G 時代的到來，這個世界將不再是過去的那個世界了。

5G 的三大場景

談到 5G，自然離不開場景，就是在什麼地方使用。對此，3GPP 組織定義了三大場景：增強型行動寬頻（Enhanced Mobile Broadband, eMBB）—— 3D ／超高清視頻等大流量增強型行動寬頻；大量連結機器型通信（Massive Machine Type Communication, mMTC）——大規模物聯網業務；超可靠及低延遲通信（Ultra-Reliable and Low Latency Communications, URLLC）——無人駕駛、工業自動化等需要低延遲、高可靠連接的業務。

eMBB：增強型行動寬頻是指在現有行動寬頻業務場景的基礎上，用戶體驗速度大幅提升。今天使用 4G 網路，一般的用戶實際體驗速度上傳 6Mbps，下載 50Mbps，這個速度遠不能滿足用戶的需求，體驗也不夠好，尤其是對一些大流量要求較高的業務，如視頻直播等來講。4G 視頻直播上傳只有 6Mbps 左右的速度，無法提供高清視頻，在一些人員集中的場所，即使是這個速度也無法保證。eMBB 的價值，就是把原來的行動寬頻速度大大提升，達到理論 1Gbps 左右，用戶的體驗會發生巨變。

eMBB 對於大量需要頻寬的業務重要性不言而喻，比如直

播、高清視頻、高清視頻轉播、虛擬實境（Visual Reality, VR）
體驗等。美、德等國，因為光纖的佈建較差，依然存在一定程
度的上網限制問題，使用 eMBB 網路可在一定程度上彌補光纖
的不足，提升用戶寬頻上網的體驗。eMBB 網路可以在獨立組
網情況下佈建，也可以在非獨立組網情況下佈建：主體網路是
4G，但是在重點地區佈建 eMBB 網路。

mMTC：大規模物聯網，實現海量機器類通信。5G 的最主
要價值之一，就是突破了人與人之間的通信，使得人與機器、
機器與機器的通信成為可能。大量的物聯網應用需要進行通信，
物聯網應用的通信有兩個基本要求：低功耗和海量接入。

大量的物聯網應用比如電線桿、路燈、車位、家庭門鎖、
空氣淨化器、暖氣、冰箱、洗衣機等都要接入網路中，相當多
的物聯網無法使用固定電源供電，只能使用電池，如果通信部
份需要較大的功耗，就意味著佈建起來非常困難，這將大大限
制物聯網的發展。增強型機器類型通信（Enhanced Machine Type
Communication, eMTC）提供的能力就是要讓功耗降至極低的水
準，讓大量的物聯網設備可以一個月甚至更長時間不需要充電，
從而更方便地進行佈建。

大量的物聯網應用的加入，也帶來另一個問題，就是應用
終端會極大增加。預計二〇二五年，中國的行動終端產品會達
到一百億，其中有八十億以上物聯網終端，這就需要網路有能
力支持大量的設備接入，目前的 4G 網路顯然沒有能力支持這樣
龐大的接入數，eMTC 將提供低功耗、海量接入的能力，支持大

量的物聯網設備的接入。

URLLC：超高可靠、超低延遲通信。傳統的通信中，對於可靠性的要求是相對較低的，但是無人駕駛、工業機器人、彈性智慧生產線，卻對通信提出了更高的要求，這樣的通信必須是高可靠和低延遲的。

所謂「高可靠」就是網路必須保持穩定性，保證在運行的過程中，不會壅塞，不會被干擾，不會經常受到各種外界的影響。而以前的 4G 網路延遲最好只能做到二十毫秒，但是 URLLC 卻要求延遲做到一到十毫秒，這樣才能提供高穩定、高安全性的通信能力，從而讓無人駕駛、工業機器人在接受命令時第一時間做出反應，迅速、即時地執行命令。這就需要採用邊緣運算（Edge Computing）、網路切片（Network Slicing）等多種技術來提供技術支持，保證更多高可靠的通信場景。

上述三大場景基本上代表了世界行動通信業對於 5G 的基本願景。

5G 的六大基本特點

5G 的三大場景不僅要解決人們一直關注的速度問題，讓用戶在使用通信時獲得更快的速度，而且對功耗、延遲時間等提出了更高的要求，一些方面完全超出了人們對傳統通信的理解，要把更多的能力整合到 5G 中。在這三大場景下，5G 還擁有完

全不同於傳統行動通信的特點，有些特點並不包括在三大場景中，但必須要逐漸完善，成為 5G 體系的特點。5G 具有六大基本特點。

高速度

每一代行動通信技術的更迭，用戶最直接的感受就是速度的提升。

3G 時代剛到，人們大為驚喜，但幾年以後，日益增長的需求已不是 3G 可以滿足的，於是人們開始期待 4G。4G 時代到來，網速取得重大突破，人們驚歎不已，行動手機上傳輸文件、觀看視頻完全不會再延遲，下載一部高清電影只需幾分鐘。這種令人歎為觀止的高速度，5G 時代將全面應用到所有智慧技術行動終端產品上。

網速的大幅提升能保證我們的網路體驗品質。最開始的網上內容叫新聞組，沒有圖像，只有文字內容。那時候有個朋友過年給我發了一個經過高度壓縮的問候視頻，只有 2M，但是我花了好幾個小時來下載。在 3G 時代，我們使用微博等功能的時候，有圖片的話都被默認為縮略圖，想看的時候需要點擊一下才能打開，在 4G 時代，這些圖片就都是默認打開的，這也是網路速度得到大幅提升的結果。

5G 時代，值得注意的不僅僅是手機，高速度的 5G 網路將承載 eMBB 的應用場景，最貼近日常生活的就是在家裡用智慧

電視收看超高清視頻。與此同時，多樣終端產品也在積極研發當中，以迎接 5G 時代帶來的超高速度所成就的大流量應用。

4G 用戶一般體驗的速度可以做到上傳 6Mbps，下載 50Mbps，透過載波聚合技術可以達到 150Mbps 左右。5G 理論上可以做到每一個基地台的速度為 20Gbps，每一個用戶的實際效度可能接近 1Gbps，如此高的速度不僅是用戶下載一部超清電影只要一秒鐘完成，它還會給大量的業務和應用帶來革命性的改變。

在傳統互聯網和 3G 時代，受到網路速度影響，流量是非常珍貴的資源，所有的社交軟體都是訪問機制，就是用戶必須上網，才能收到數據。而 4G 時代，網路速度提高，頻寬不再是極為珍貴的資源了，社交應用就變成了推送機制，所有的訊息都可以推送到你的手機上，你隨時可以看到，這意味著你的手機是永遠在線的，這樣的改變讓用戶體驗發生了天翻地覆的變化，用戶量也出現了井噴式增長。

5G 速度大大提升，也必然會對相關業務產生巨大影響，不僅會讓傳統的視頻業務有更好的體驗，同時也會催生出大量新的市場機會與營運機制。

舉一個非常典型的例子。直播業務在 4G 時代已經有了驚人的增長，帶來巨大的商業機會，但 4G 的上傳速度只有 6Mbps，而當較多人同時使用時，這個速度還無法保證，延遲很常見，直播效果受到影響，尤其是一些需要支持高清直播的內容，體驗感較差。5G 的上傳速度達到 100Mbps 左右，網路切片技術還

可以保證某些用戶不受壅塞的影響，直播的效果會更好。在此背景下，每一個用戶都有可能成為一個直播電視台，當下火爆的新媒體和傳統的電視直播節目勢必面臨全新的競爭。

高速度也會帶來新的商業機會。虛擬實境就可能藉 5G 實現突破。今天虛擬實境的體驗很差，很重要的一個原因就是速度無法支持。虛擬實境要想很好地實現高清傳輸，需要 150Mbps 以上的頻寬，這在大部份網路中都無法實現。5G 的到來，會大大改善虛擬實境的體驗，虛擬實境產業的大發展完全可期。

高速度還會支持遠程醫療、遠程教育等從概念轉向實際應用。遠程醫療可行的基礎就是低成本，同時又需要高清晰的圖像傳輸，需要低延遲的操作，這些都要以高速度的網路作為基礎。

高速度是 5G 不同於 4G 最顯著的一個特點。人類對於速度的追求是永無止境的，所以也永遠沒有所謂的夠用，3G 不夠用，4G 不夠用，5G 也會不夠用。人類會一直追求用各種新技術來支持更大的頻寬、更高的速度，並在此基礎上支持更多的服務，讓傳統的業務和服務有更好的體驗。

泛在網

各種業務的大發展對 5G 網路提出了更高的要求，網路需要無所不包，廣泛存在。只有無處不在的網路，才能支撐日趨豐富的業務和複雜的場景。例如，目前在地下停車場，如果沒有網路，雖然有一定的麻煩，但還可以忍受。如果無人駕駛廣泛

採用，地下停車場仍無網路，這些無人駕駛汽車就無法自動進入車庫停車充電，因此這個網路必須廣泛存在。

泛在網有兩個層面：一個是廣泛覆蓋，一個是縱深覆蓋。廣泛覆蓋是指人類足跡延伸到的地方，都需要被覆蓋到，比如高山、峽谷，此前人們很少去，不一定需要網路覆蓋，但是到了 5G 時代，這些地方就必須要有網路存在，因為無論是智慧交通還是其他業務，都需要藉由穩定可靠的網路進行管理，在沒有網路的地方是無法管理的。同時，通過覆蓋 5G 網路，可以大量佈建傳感器，進行自然環境、空氣品質、山川河流的地貌變化甚至地震的監測，5G 可以為更多這類應用提供網路。

縱深覆蓋是指人們的生活中已經有網路佈建，但需要進入更高品質的深度覆蓋。今天，大部份人家中已經有了 4G 網路，但衛生間等狹小空間的網路通信品質經常不是太好，地下車庫大多沒信號，想要在這種環境中處理事情，會面臨無網路的尷尬。5G 時代，以前網路通信品質不好的衛生間、沒信號的地下車庫等特殊場所，都能而且需要被高質量的網路覆蓋。因為未來家裡的抽水馬桶可能是需要聯網的，馬桶可能可以自動幫你做尿液檢查並傳到雲端，透過大數據對比，確定你的健康情況，通過各方面的提升來改善你的身體狀況，這會成為智慧健康管理體系中的一個重要組成。

從某種程度上來說，泛在網比高速度還重要。試想一下，如果只是建一個覆蓋少數地方、速度很高的網路，並不能保證大面積 5G 服務與體驗，相當於一種優質產品只有極少的人能夠

體驗，這肯定是不行的。在 3GPP 組織的三大場景中沒有提泛在網，但泛在的要求是隱含在所有場景中的。

在 4G 時代以前，常常會遇到手機沒信號或者信號弱的問題，尤其是在較偏遠的地方。因為在 3G 和 4G 時代，使用的是大型基地台。大型基地台的功率很大，但體積也比較大，所以不能密集佈建，導致離它近的地方信號很強，離它距離越遠，信號越弱。但到了 5G 時代，微型基地台將會逐步建立，幾乎不用再擔心信號不足的問題。微型基地台的佈建可彌補大型基地台的空白，覆蓋大型基地台無法觸及的末梢通信，為泛在網的全面實現提供可能，使得所有的智慧終端都能突破時間、地點和空間的限制，在任何角落連接到網路信號。

低功耗

隨著技術的不斷發展，網路速度變得越來越快，同時設備功耗也變得越來越高。谷歌眼鏡之所以不能大規模商業化，很大一部份原因就是功耗太高，用戶體驗太差。

從這個角度而言，降低功耗是個很大的問題，5G 要支持大規模物聯網應用，就必須考慮功耗方面的要求。一個實際的例子是，可穿戴產品近年來取得一定的發展，但也遇到很多瓶頸，其中體驗較差，是難以進入普通民眾生活的主要原因。比如智慧手錶，每天甚至幾個小時就需要充電，導致用戶的體驗非常差。未來，物聯網產品都需要通信與能源，雖然今天可以藉由

多種手段實現通信，但能源的供應大多只能靠電池，為了確保產品的使用時間長，必須把功耗降下來，讓大部份物聯網產品一週充一次電，或者一個月充一次電，以改善用戶體驗，越來越豐富的物聯網產品才會得到普羅大眾的廣泛接受。

低功耗主要採用兩種技術手段來實現，分別是美國高通公司等主導的 eMTC 和華為主導的窄頻物聯網（Narrow Band-Internet of Things, NB-IoT）。

eMTC 基於 LTE 協議演進而來，為了更加適合物與物之間的通信，也為了成本更低，對 LTE 協議進行了裁剪和優化。eMTC 基於蜂巢式行動網進行佈建，其用戶設備通過支持 1.4MHz 的射頻和基頻頻寬，可以直接接入現有的 LTE 網路。eMTC 支持上下行最大 1Mbps 的峰值速率。

NB-IoT 的構建基於蜂巢式行動網路，只消耗大約 180KHz 的頻寬，可直接佈建於 GSM 網路、UMTS 網路或 LTE 網路，以降低佈建成本、實現平滑升級。

NB-IoT 不需要像 5G 的核心技術一樣重新建設網路。雖然 NB-IoT 的傳輸速度只有 20K 左右，但卻可以大幅降低功耗，使得設備有很長的時間不用換電池。這一特點對於各種設備的大規模佈建都是有好處的，也能滿足 5G 對於物聯網應用場景低功耗的要求。NB-IoT 和 eMTC 一樣，是 5G 網路體系的一個組成部份。

低功耗的要求非常廣泛，舉一個典型的例子。對於河流的水質監測，幾十公里或是幾公里設立一個監測點，監測結果不

夠準確，要找到汙染源非常困難，而設立大量常規的監測點，成本又太高，這就需要設立大量成本低的監測點，即時回傳數據。如果採用低功耗技術，將監測器佈置在河流沿線，半年換一次電池，維護的成本就很低，從而形成有價值的應用。

低延遲

5G 的一個新場景是無人駕駛、工業自動化的高可靠連接。正常情況下，人與人之間進行訊息交流，一百四十毫秒的延遲是可以接受的，不會影響交流的效果。但對於無人駕駛、工業自動化等場景來說，這種延遲是無法接受的。5G 對於延遲時間的終極要求是一毫秒，甚至更低，這種要求是十分嚴苛的，但卻是必需的。3G 網路延遲時間約一百毫秒，4G 網路延遲時間約二十到八十毫秒，到了 5G 時代，延遲時間將會逐步下降至一到十毫秒。

5G 低延遲的特點，必將使自動駕駛和車聯網等領域迎來大爆發。通常來說，無人駕駛汽車需要中央控制中心和車進行互聯，車與車之間也應該進行互聯，在高速前進中，一旦需要制動，需要瞬間把訊息傳送到車上，車的制動系統會迅速做出反應。一百毫秒左右的時間，車會向前衝出幾公尺，這就需要在最短的延遲時間內，把訊息傳送到車上並得到即時反應，否則後果不堪設想。

不僅如此，相關交通樞紐上還將佈建大量傳感器和攝影機

拍下視頻，透過大數據傳輸形成動態流量圖，行人可輕鬆直觀地看到交通實況，智慧交通體系將全面建成。該技術還有望用於比賽實況轉播，人們在行動終端上即可看到個性化的體育賽事直播，進行全方位無死角觀看。

智慧交通的應用只是 5G 時代的開端，而真正的王者，是無人機。

在無人駕駛飛機上，低延遲的要求同樣很高。比如，當成百上千架無人駕駛飛機編隊飛行時，為了確保安全，每一架飛機之間的距離和動作要極為精準，哪怕是其中一個訊息傳輸延遲太久，都有可能引發重大災難性事故。而在工業自動化領域，機械臂在操作零件組裝時，要想做到高度精細化，製造出高質量的產品，也需要超低延遲。

當前，在傳統的人與人通信，甚至人與機器通信時，要求都沒有這麼高，因為人的反應相對較慢，也不需要機器那麼高的效率和精細化。要滿足低延遲的要求，必須在 5G 網路建構中找到減少延遲的辦法。可以預見，邊緣運算這樣的技術將被用到 5G 的網路架構中。

二〇一七年，中國首個低空數位化應用創新基地在上海揭幕，該基地將搭建 4G+5G 網路，進行低空飛行實驗，探索「空中走廊」的可能性。利用 5G 更大的頻寬、更高的速度和超低延遲，無人機將達到更加精準的控制和即時通信的效果。

低延遲還有一個重要應用領域，就是工業控制。這個領域對於延遲的要求最高，一台高速運轉的數位控制機床，發出停

機的命令，這個訊息如果不即時送達，而是有很高的延遲時間，就無法保證生產出的零件是高精密的。低延遲就是把訊息送達後，機床馬上做出反應，這樣才能保證精密度。

　　低延遲需要大量的技術進行配合，需要把邊緣運算等技術和傳統網路結合起來，對特殊的領域提供特殊的服務與保障。

萬物互聯

　　行動通信的基本聯繫方式是蜂巢通信，現在一個基地台基本只能連四五百部手機，國際電信聯盟的期望是每一平方公里有一百萬個終端。愛立信有一個預測，人類未來會有五百億個連接。我們現在的預測是，到二〇二五年，中國會有一百億個行動通信的終端。

　　傳統的通信中，終端是非常有限的，這是因為在固定電話時代，電話是以人群來定義的，比如說家裡一部電話，辦公室一部電話。而手機時代，終端數量大爆發，因為手機是按個人來定義的。4G 時代的智慧終端產品已不再局限於行動手機，智慧手環、平板電腦、智慧電器、無人機等都已進入人們的日常生活。

　　為什麼說到二〇二五年中國會有一百億個行動通信的終端？有兩個方面的原因。

　　第一個原因是，到了 5G 時代，終端不再按人來定義，而是每個人可能擁有數個終端，每個家庭擁有數個終端。屆時，智

慧產品將更加層出不窮，並且通過網路相互關聯，形成真正的智慧物聯網世界。以後的人類社會，人們不再有上網的概念，聯網將會成為常態。

數據顯示，二〇一八年，中國行動終端用戶已經達到十五億，其中以手機為主。從發展趨勢來看，5G 時代接入網路中的終端，不再以手機為主，還會擴展到日常生活中的更多產品。換句話說，眼鏡、筆、皮包、腰帶、鞋子等都有可能接通入網路，成為智慧產品。家中的門窗、門鎖、空氣淨化器、加濕器、空調、冰箱、洗衣機都可以接入 5G 網路，相互之間進行訊息傳遞，普通家庭真正成為完全智慧化的智慧家庭。

第二個原因是，社會生活中以前不可能聯網的設備也會聯網工作，變得更加智慧。比如汽車、路燈、電線桿、垃圾桶這些公共設施，之前的功能都非常單一，談不上什麼智慧化。而 5G 將賦予這些設備新的功能，成為智慧設備。所謂「4G 改變生活，5G 改變社會」，其要義就在於此。

大數據以前是經由傳統管道獲得訊息，如果未來我們有一百億個終端可以傳輸數據，那麼我們擁有的數據量將會大大增加。有了這麼大的數據量，人工智慧的能力才會變得強大，才會變得有價值，這對於社會效率的提高是非常有價值的。

5G 時代還會創造出很多以前人們日常生活中沒有的新產品，比如家中會有環境監測器這樣的產品，用來進行室內空氣品質的監測，並根據監測結果智慧控制家中的空氣淨化器、空調，甚至暖氣。馬桶也將更加智慧化，不但可以沖洗，還可以

進行日常身體的健康檢查。

我們可以大膽設想一下未來的場景：

下班回家，房間的智慧空調和電燈便根據你的室外體溫自動開啟，溫度調節到室內體感舒適的溫度；智慧微波爐經由感應自動加熱晚餐。餐後，浴缸自動放水，調節到適合你的溫度；智慧電動牙刷記錄下你的口腔健康狀況。如果此時有事需要出行，車庫的門自動開啟，一上車就立刻可以看到前往目的地的即時路況。

未來的所有設施，甚至穿戴產品，都有可能連接到行動網路，形成無比強大的數據庫，虛擬與現實無縫對接，帶來全新的智慧時代。

萬物互聯帶來的還有市場大爆發。隨著大量的智慧硬體進入 5G 網路，設備的連接數量會從原來的幾億或十幾億，增加到百億。大量的設備可以成為大數據的訊息搜集終端，從而大幅提升服務能力。在這個基礎上，雲、人工智慧才有更加廣泛的發展。

重構安全體系

安全似乎並不是 3GPP 組織討論的基本問題，但依個人之見，它也應該成為 5G 的一個基本特點。具體來說，傳統的互聯網要解決的是訊息傳輸速度、無障礙傳輸問題，自由、開放、共享是互聯網的基本精神，但建立在 5G 基礎上的智慧互聯網，

功能更為多元化，除了傳統互聯網的基本功能，更要建立起一個社會和生活的全新體系。正因如此，智慧互聯網的精神也變成了安全、管理、高效、方便。

其中，安全是對 5G 時代的智慧互聯網的首位要求。沒有安全保證，可以不建 5G；5G 建設起來後，如無法重新構建安全體系，將會產生巨大的破壞力。

可以設想一下，如果無人駕駛系統很容易被攻破，像電影劇情一樣，道路上的汽車可能很容易被駭客控制。如果智慧健康系統被攻破，大量用戶的健康訊息被洩露。如果智慧家庭被入侵……這個世界將會變成何等模樣？這些可怕的場景不應該出現，安全問題也不是修修補補可以解決的。

在 5G 的網路構建中，在底層就應該解決安全問題。從網路建設之初，應該加入安全機制，訊息應該加密，網路不應該是開放的，對於特殊的服務需要建立起專門的安全機制。網路不是完全中立、公平的。舉一個簡單的例子。在網路保證上，普通用戶的上網服務，如果只有一套系統保證網路暢通，用戶可能會面臨壅塞。但在智慧交通領域，需要多套系統保證其安全運行，保證其網路通信品質，在網路出現壅塞時，必須保證智慧交通體系的網路暢通，且這個體系也不是一般終端可以接入並實現管理與控制的。

根據中國電子商務交易額統計，手機支付的用戶比率已經從二〇一四年的百分之三十三上升到如今的超過百分之七十五。在將來 5G 時代的物聯網中，每一個商品都將裝上傳感

器，完成無人值守和自動購買。目前，無人超市也正在中國部份城市試點。

　　在目前的行動支付體系中，安全問題也是一重大隱憂，盜卡盜號、支付詐騙和非法融資的情況屢見不鮮，這也成為很多用戶不願選擇行動支付的主要原因。而到了 5G 時代，有了大數據、雲計算和人工智慧的技術，行動支付的安全性問題將會逐步解決。各大金融機構已經緊跟時代步伐，研發新的智慧支付產品，智慧終端有望成為行動金融安全終端，新的安全體系將會重構。

　　隨著 5G 的到來，傳統的互聯網 TCP/IP 通信協定也將面臨考驗。傳統互聯網的安全機制非常薄弱，訊息都是不經加密就直接傳輸，這種情況不能在智慧互聯網時代繼續下去。隨著 5G 的大規模佈建，將會有更多的安全問題出現，世界各國應該就安全問題形成新的機制，最後建立起全新的安全體系。

5G 的核心技術

　　在互聯網助力下，全球經濟一體化加速，「世界正在變平」已經成為共識。這種席捲而來的融合力也在行動通信技術領域逐步顯現。它像某種黏稠的汁液，不僅催生行動通信體系走向結構化變革，還滲透到技術實現思路的各方面。

　　5G 不是一項技術，而是由大量技術形成的一個綜合體系，

這些技術將在 5G 建設過程中不斷完善。在這期間，會出現新的技術，再繼續完善。本書不是一本技術專著，對於技術的探討是淺顯的，對於專業讀者來說，可以跳過此節，有關技術的描述只是給普通讀者做一個基本介紹。

5G 高速度、泛在網、低功耗、低延遲等六大基本特點保障了用戶在 5G 時代的基礎體驗，而核心技術則為實現六大特點提供保障，它們是為新行動通信時代保駕護航的有效手段。

概括而言，5G 核心技術圍繞三大目標展開，在繼承過往技術積澱的基礎上，朝著更智慧多變的方向持續演進。這三大目標分別為：

第一，激活網路資源存量。

第二，挖掘網路資源增量（新頻率資源）。

第三，靈活組合，實現多樣化網路資源配置（引入新體系結構）。

超密集異構網路

未來 5G 會朝著高速度、泛在網等方向發展。萬物互聯的願景是在一平方公里的面積內有一百萬個設備，所以在未來的 5G 網路中，縮小半徑，增加低功率節點數量，是保證未來 5G 網路支持一千倍流量增長的核心技術之一 ❶，這就意味著網路特別密

---

❶ 尤肖虎、潘志文、高西奇等，〈5G 移動通信發展趨勢與若干關鍵技術〉，《中國科學：信息科學》，2014，44(5): 551-563。

集。同時為了符合泛在網的要求，未來肯定會有大量的基地台存在。2G 時代只有幾萬個基地台，3G 時代有幾十萬個基地台，4G 時代有五百多萬個基地台，5G 時代一千萬到兩千萬個基地台都是有可能的。

　　為什麼會有這麼多基地台呢？過去的通信方式都是採用低頻段的頻譜，這些頻譜有比較強的穿透能力，頻率越低，穿透能力越強。

　　5G 為了把頻寬做得很寬，繞射能力就很差了。5G 採用的是 28GHz ～ 32GHz 的頻率，也就是毫米波，這種波基本沒有穿透能力，雷達採用的就是毫米波，因為沒辦法穿透飛機，所以會被反射回來。

　　如果通信採用毫米波的頻率，意味著沒辦法穿透障礙，所以就需要用到很多微型基地台，做到密集佈建。密集佈建的網路拉近了終端與節點間的距離，使得網路的功率和頻譜效率大幅度提高，同時也擴大了網路覆蓋範圍，擴展了系統容量，並且增強了業務在不同接入技術和各覆蓋層次間的靈活性 ❷。

　　上面說的就是超密集。那什麼叫異構呢？

　　所謂「異構」，就是不同結構的意思。雖然超密集異構網路架構在 5G 中有很大的發展前景，但是隨著節點數量的大規模增加以及節點間距離的減少，網路佈建會變得越來越密集，網路拓撲變得更加複雜，從而容易出現與現有行動通信系統不兼

---

❷ 趙國鋒、陳婧、韓遠兵、徐川，〈5G 移動通信網絡關鍵技術綜述〉，《重慶郵電大學學報（自然科學版）》，2015，27(4): 441-452。

容的問題。在 5G 通信網路中，干擾是一個必須解決的問題。

　　5G 網路需要採用一系列措施來保障系統性能，主要有不同業務在網路中的實現、各種節點間的協調方案、網路的選擇，以及節能配置方法等。這種將多種網路組織起來形成一個體系的方式，就叫超密集異構。

　　超密集異構網路技術是行動通信發展到融合階段的必然產物。隨著未來行動通信應用場景的不斷豐富，對網路訊息傳輸的要求會隨時間和地點呈現出非均勻特性。過去以大型蜂巢式行動網路為主、以區域覆蓋為目的的行動通信網路架構已經很難滿足呈指數級增長的細分需求。

　　超密集異構網路技術以創新的姿態出現，正視這一難題。它超越了營運商及技術系統的範疇，將不同網路協同整合到一起，為 5G 時代網路系統的大容量、多樣性和靈活性提供了有力保障。

　　雖然超密集異構網路架構在 5G 時代發展前景廣闊，但也帶來了一些全新的問題。

　　首先是兼容問題。節點間的距離減少，超密集網路佈建將使網路拓撲變得更加複雜，與現有行動通信系統不兼容的機率也隨之攀升。

　　其次是干擾問題。在 5G 行動通信網路中，主要干擾有同頻干擾、共享頻譜資源干擾、不同覆蓋層次間的干擾等。如何解決這些干擾帶來的性能損傷，實現多種無線接入技術、多覆蓋層次間的共存，是一個需要深入研究的重要問題。另外，現有

通信系統的干擾協調算法只能解決單個干擾源問題。而在 5G 網路中，相鄰節點的傳輸損耗一般差別不大。多個干擾源強度相近，將進一步惡化網路性能，使現有的協調算法難以應對。

最後是網路切換問題。在超密集網路中，很多網路節點依賴用戶佈建，而用戶佈建的節點具有隨機開啟和關閉的特點，網路拓撲和干擾也隨之持續動態地發生變化。我們需要新的切換算法和網路動態佈建技術來滿足用戶的移動性需求。

自組織網路

在傳統行動通信網路中，主要依靠人工方式完成網路佈建及運作維護，既耗費大量人力資源，又增加營運成本，而且網路優化也不理想 ❸。在 5G 時代，原有的行動通信網路會面臨很多新的挑戰，比如說怎麼進行網路佈建、營運及維護，這主要是由於網路存在各種無線接入技術，且網路節點覆蓋能力各不相同，它們之間的關係錯綜複雜。

簡單舉個例子。如果在一個網路系統中要分出一部份網路給智慧交通使用，而智慧交通業務對網路的品質有比較高的要求，所以自組織網路（Self-Organizing Network, SON）的含義就是網路在定義的過程中要根據不同的業務進行組織，即對於各

---

❸ IMT-2020 (5G) Promotion Group, *5G Vision and Requirements*, white paper （《IMT2020 5G 願景和需求白皮書》）〔EB/OL〕.〔2014-05-28〕.http://www.IMT-2020.cn.

種不同要求的網路可以透過一個自組織的體系進行構建，在大的網路體系下為某些用戶提供特殊的服務。因此，自組織網路的智慧化將成為 5G 網路必不可少的一項關鍵技術。

自組織網路技術解決的關鍵問題主要有：(1) 網路佈建階段的自規劃和自配置；(2) 網路維護階段的自優化和自癒合 ❹。自規劃的目的是動態進行網路規劃並執行，同時滿足系統的容量擴展、業務監測或優化結果等方面的需求。自配置即新增網路節點的配置可實現即插即用，具有低成本、安裝簡易等優點。自優化的目的是減少業務工作量，達到提升網路通信品質及性能的效果 ❺。至於自癒合，顧名思義，指的是構建的網路系統可以自動發現問題、找到問題，同時可以排除故障，大大減少維護成本並避免對網路通信品質和用戶體驗的影響。

內容分發網路

在 5G 時代，隨著音頻、視頻、圖像等業務急劇增長，加上用戶規模繼續擴大，強大的市場需求自然會帶來網路流量的爆炸式增長，而這種情況會影響用戶訪問互聯網的服務品質。

如果最近有一部特別紅的電視劇，大家一起去訪問某一個

---

❹ 賀敬、常疆，〈自組織網絡（SON）技術及標準化演進〉，《郵電設計技術》，2012(12): 4-7。

❺ 胡泊、李文宇、宋愛慧，〈自組織網絡技術及標準進展〉，《電信網技術》，2012(12): 53-57。

服務器，就可能導致網路阻塞。5G 時代，如何進行有效率的內容分發，尤其是針對大流量的業務內容，怎麼做才能降低用戶獲取訊息的延遲，成為網路營運商和內容提供商必須解決的一大難題。

藉由增加頻寬並不能徹底解決內容分發的效率，因為它還受到傳輸中路由阻塞和延遲、網站服務器的處理能力等多重因素的影響和制約，這些因素與用戶服務器之間的距離關係密切。內容分發網路（content distribution network, CDN）對未來 5G 網路的容量與用戶訪問具有重要的支撐作用 ❻。

所謂「內容分發網路」，就是指在傳統網路中添加新的層次，即智慧虛擬網路。採用大數據分析的方式，內容分發網路系統綜合考慮各節點連接狀態、負載情況以及用戶距離等訊息，通過將相關內容分發至靠近用戶的內容分發網路系統代理服務器上，實現用戶就近獲取所需的訊息 ❼。如果附近的很多用戶喜歡看《都挺好》，那就將這部劇儲存在這裡的網路節點上，使得網路壅塞狀況得以緩解，降低回應時間，提高回應速度。

在 5G 時代，隨著智慧行動終端數量的快速增長，用戶對行動數據業務的需求量以及服務品質的要求也在不斷提升，內容分發網路技術可以滿足這些需求，因此，它將成為 5G 必備的關鍵技術之一。

---

❻ 王瑋，《CDN 內容分發網絡優化方法的研究》，武漢：華中科技大學出版社，2009 年。

❼ 趙國鋒、陳婧、韓遠兵、徐川，〈5G 移動通信網絡關鍵技術綜述〉，《重慶郵電大學學報（自然科學版）》，2015，27(4): 441-452。

D2D 通信

D2D 通信即設備到設備通信（Device-to-Device communication, D2D），是一種基於蜂巢式系統的近距離數據直接傳輸技術。目前，3GPP 組織已經把 D2D 技術列入新一代行動通信系統的發展框架中，成為第五代行動通信的關鍵技術之一。

思科（Cisco Systems）公司預測，二〇一九年全球行動數據流量將是二〇一四年的十倍，接入 IP 網路設備的數量將達到百億 [8]。隨著數據流量的飛速增長、接入網路的終端數量迅速上升，通信網路的體系和架構都面臨著巨大的挑戰。為應對網路密集化和差異化帶來的問題，不能指望任何網路或通信系統的中心設備能夠大範圍、高效率地指揮、調度通信網路中各終端節點的行為，在無需中心設備干預的情況下，建立大批量的「本地」連接對未來網路來說是勢在必行的 [9]。

D2D 工作階段（session）的數據直接在終端之間進行傳輸，不需要通過基地台轉發，而相關的控制信令（Signaling），如工作階段的建立、維持、無線資源分配以及計費、鑑權、識別、

---

[8] CISCO I. *Cisco visual networking index: forecast and methodology 20142019*, white paper〔EB/OL〕.http://www.cisco.com/c/en/us/solutions/collateral/service-provider/ip-ngn-ip-next-generation-network/white_paper_c11481360.html.

[9] 錢志鴻、王雪，〈面向 5G 通信網的 D2D 技術綜述〉，《通信學報》，2016，37(7): 1-14。

行動性管理等仍由蜂巢式行動網路負責 ❿ 。

在 5G 時代，引入 D2D 通信會帶來巨大的好處，不過也會面臨一些挑戰。當終端用戶間的距離不足以維持近距離通信，或者 D2D 通信條件滿足時，如何進行 D2D 通信模式和蜂巢通信模式的最優選擇以及通信模式的切換都需要思考解決。此外，D2D 通信中的資源分配優化算法也值得深入研究 ⓫ 。

M2M 通信

M2M 通信即機器與機器之間的通信（Machine to Machine, M2M）。美國諮詢機構 Forrester Research 預測估計，到二〇二〇年，全球物與物之間的通信將是人與人之間通信的三十倍 ⓬ 。M2M 的定義主要有廣義和狹義兩種。廣義的主要是指機器與機器之間、人與機器之間以及行動網路與機器之間的通信，它涵蓋了所有實現人、機器、系統之間通信的技術；從狹義上說，M2M 僅僅指機器與機器之間的通信。

❿ PENG Tao, LU Qianxi, WANG Haiming, et al. Interference Avoidance Mechanisms in the Hybrid Cellular and Device-to-Device Systems, *Personal Indoor and Mobile Radio Communications*. Tokyo: IEEE, 2009: 617-621.

⓫ 趙國鋒、陳婧、韓遠兵、徐川，〈5G 移動通信網絡關鍵技術綜述〉，《重慶郵電大學學報（自然科學版）》，2015，27(4): 441-452。

⓬ SHAO Y L, TZU H L, KAO C Y, et al. Cooperative Access Class Barring for Machine-to-Machine Communications, *IEEE Wireless Communication*, 2012, 11(1): 27-32.

　　目前，日常生活中最常見的仍然是人與設備之間的通信，比如上網就是人與機器之間的通信。到了 5G 時代，機器與機器之間的通信可能將扮演重要的角色。

　　舉一個家庭管理的例子。智慧家庭管理系統中的環境監測網路在監測家庭的環境數據，並將數據發送到雲端，經過數據對比以後發現，現在家庭中的環境質量是有問題的，然後控制系統就給空氣淨化器、新風系統等發送一個指令，讓它們進行工作。屆時，很少需要或者不再需要人和機器之間進行溝通。

　　M2M 的發展現在也面臨著一些技術難點。海量的機器交流會引起網路過載，不僅會影響行動用戶的通信服務品質，還會造成用戶難以接入網路等問題。此外，在 M2M 通信中，充斥著大量小訊息量的數據包，導致網路傳輸效率下降，在無法充電的條件下，未來 5G 網路面臨著延長 M2M 終端的續航時間的難題。

訊息中心網路

　　訊息中心網路（information-centric network, ICN）的意思就是網路以訊息為中心的發展趨勢。訊息中心網路的思想最早是一九七九年由泰德・尼爾森（Ted Nelson）提出來的，作為一種新型的網路體系結構目標是取代現有的 IP。

　　與以主機地址為中心的傳統 TCP/IP 通信協定網路體系結構相比，訊息中心網路採用的是以訊息為中心的網路通信模型，

忽略 IP 地址的作用，甚至只是將其作為一種傳輸標識 **⑬**。訊息一般包括即時媒體流、網頁服務、多媒體通信等，而訊息中心網路就是這些片段訊息的總集合。

　　訊息中心網路具體實現的方式是：

　　第一步，我向網路發佈一個視頻內容，當網路中的節點收到我發佈內容的相關請求時，知道如何回應。

　　第二步，我的一個朋友知道了這個視頻，他第一個向網路發送內容請求時，節點將請求轉發到內容發佈方，也就是我這裡，我就會將相應內容發送給訂閱方，在這個過程中，帶有快取（cache，又譯緩存）的節點會將經過的內容快取下來。

　　第三步，如果其他訂閱方對相同內容發送請求時，鄰近帶有快取的節點會直接將相應內容回應給訂閱方。

行動雲計算

　　5G 時代，全球將會出現高達五百億個連接的萬物互聯服務，因為需求越來越多樣化，人們對智慧終端的計算能力及服務品質的要求越來越高，尤其是計算方面的需求，將達到常人難以想像的地步。

　　行動雲計算是指在行動互聯網中引入雲計算。過去，行動設備需要處理很多複雜的計算，也需要做很多的數據儲存，行

---

⑬ 趙國鋒、陳婧、韓遠兵、徐川，〈5G 移動通信網絡關鍵技術綜述〉，《重慶郵電大學學報（自然科學版）》，2015，27(4): 441-452。

動雲計算則將這些內容轉移到雲端，可以很大程度上降低設備的能耗，也可以彌補行動設備上儲存資源不足的問題。此外，將數據儲存在雲端也就是一系列的分佈式電腦中，也降低了數據和應用丟失的機率。

未來，行動雲將會作為一個服務平台，支持智慧交通、行動醫療等各種各樣的應用場景。

軟體定義無線網路

當下，無線網路面臨的一個重要挑戰就是其中存在大量的異構網路，如 LTE、WiMax、UMTS、WLAN 等，這種現象還會持續相當長的一段時間。異構無線網路面臨的主要挑戰是難以互通，資源優化困難，無線資源浪費等 [14]。

簡單來說，軟體定義無線網路就是用一個通用的模式來定義和控制無線網路，讓網路系統變得更加簡單。

軟體定義無線網路是怎麼實現的呢？

首先，控制平台獲取並預測整個網路系統中的訊息，例如用戶屬性、動態網路需求以及即時網路狀態。在得到這些數據以後，控制平台再根據這些訊息來優化和調整網路上的資源分配等問題，這個過程簡化了網路管理，加快了業務創新的步伐。

---

[14] FERRUS R., SALLENT O., AGUSTI R., Interworking in heterogeneous wireless networks: comprehensive framework and future trends, *IEEE Wireless Communication*, 2010, 17(2): 2231.

　　軟體定義無線網路能指導終端用戶接入更好的網路或由多個異構網路同時為用戶提供服務，不僅簡化了網路設備，還為設備提供了可程式性（programmability），使得異構網路之間的互通更加容易 ⑮ 。

情境感知技術

　　情境感知技術是一種嶄新的計算形式。簡單來說，情境感知技術是一個採用了傳感器等相關技術的訊息管理系統，使得終端設備具備感知當前情境的能力，並分析位置、用戶行為等情境訊息，主動為用戶提供合適的服務 ⑯ 。它具有適應性、即時性、預測性等特點。

　　情境感知技術將讓行動互聯網變得更加主動與智慧，它可以即時推送用戶最想知道的訊息，而不是被動地由用戶發起訊息請求。情境感知技術可以在符合管理要求的框架之內智慧地回應用戶的相關需求，即「網路適應業務」⑰ 。

---

⑮ 趙國鋒、陳婧、韓遠兵、徐川，〈5G 移動通信網絡關鍵技術綜述〉，《重慶郵電大學學報 (自然科學版)》，2015，27(4): 441-452。

⑯ ANIND K., Understanding and using context, *Personal and Ubiquitous Computing*, 2001(5): 1-34.

⑰ 4G AMERICAS. *4G AMERICAS' Recommendations on 5G Requirements and Solutions*, white paper 〔EB/OL〕.〔2014-10-23〕.http://www.4gamericas. org.

邊緣運算

　　邊緣運算就是將帶有快取、計算處理能力的節點佈建在網路邊緣，與行動設備、傳感器和用戶緊密相連，減少核心網路負載，降低數據傳輸延遲時間 [18]。

　　以無人駕駛為例。過去如果有一輛無人駕駛的汽車行駛在路面上，突然發現車前出現了一隻貓，這時需要把這個信號通過網路發送到基地台，然後再透過交換機送到中央控制中心，經過中心的計算得出煞車的結論，再返還基地台，基地台最後再將這個信號送到汽車，這麼長的傳輸鏈條就很難達到 5G 時代延遲時間只有一毫秒的願景。採用邊緣運算的方式以後，基地台就可以將煞車信號直接送到汽車，從而減少延遲。

網路切片

　　在 5G 時代，不同的應用場景對網路功能、系統性能、安全、用戶體驗等都有著差異化的需求，比如智慧交通和觀看視頻對網路性能的要求肯定是不一樣的。如果只使用同一個網路提供服務，這個網路一定會非常複雜，並且很難達到某些極限場景的功能要求，同時網路的運作支撐也會變得相當複雜，維護成本十分高昂。

---

[18] 項弘禹、肖揚文、張賢、樸竹穎、彭木根，〈5G 邊緣運算和網絡切片技術〉，《電信科學》，2017，33(6): 54-63。

　　針對不同業務場景對網路功能需求的不同，如果為這些特定的場景佈建專有網路，這個網路只包含這個應用場景所需要的功能，那麼服務的效率將大大提高，應用場景所需要的網路性能也能夠得到保障，網路的維護將變得簡單。這個專有的網路即一個 5G 切片的實例 [19]。

　　網路架構的多元化是 5G 網路的重要組成部份，5G 網路切片（Network Slicing）技術是實現這一多元化架構不可或缺的方法。網路切片技術將是未來營運商與 OTT（over-the-top）服務合作的重要手段，是營運商為了實現新的盈利模式不可或缺的關鍵技術。

5G 的全球格局

　　說到 5G 實力，這是一個綜合體系，不是一項兩項指標。那麼，5G 實力需要從哪些維度來看呢？

　　我認為考察維度必須包括六個方面：(1) 標準主導能力；(2) 晶片的研發與製造能力；(3) 系統設備的研發與佈建能力；(4) 手機的研發與生產能力；(5) 業務的開發與營運能力；(6) 營運商的能力。

---

[19] 許陽、高功應、王磊，〈5G 移動網絡切片技術淺析〉，《郵電設計技術》，2016(7):19-22。

　　全世界在 5G 領域最強大的國家或經濟體有哪些呢？目前是美國、歐洲、中國這三大核心集團，韓國和日本也有一定的影響力。換句話說，放眼全球，5G 市場大多被這些國家瓜分了。

誰在主導全世界的 5G 標準？

　　說到 5G 的標準，大家可能都知道所謂「編碼之爭」，部份不太熟悉這一領域的網友乾脆把 5G 標準簡化成了編碼之爭，所以網上的一種說法是華為和高通爭 5G 標準，聯想倒向了高通，導致在 5G 標準方面讓高通佔了上風。這種說法有失偏頗，主要緣於對 5G 標準不夠瞭解。

　　5G 標準是一個複雜的體系，包括編碼、空口協議、天線等很多方面，所以國際標準化組織有多個工作組在開展標準制定工作。具體做法是：由某個或某幾個企業領頭，寫出標準，大家討論確定，最後眾多的標準一起形成了整個 5G 標準。

　　在 5G 標準這樣一個完整的體系之下，需要進行多個子標準的立項，哪個國家和企業立項多，自然在整個 5G 標準中就佔有主導權。立項誰能提出來？肯定是大國或大企業才有實力提出來，或者說是有技術積累、對 5G 有前瞻能力的企業才有實力提出來。

　　全世界 5G 標準立項通過的企業有：中國移動十項；華為八項；愛立信六項；高通五項；日本 NTT DOCOMO 四項；諾基亞四項；英特爾四項；三星兩項；中興兩項；法國電信一項；

德國電信一項；中國聯通一項；西班牙電信一項；歐洲太空總署（ESA）一項。按國家統計，中國二十一項；美國九項；歐洲十四項；日本四項；韓國兩項。5G 標準的立項就被這些國家或經濟體瓜分了，其他國家基本上沒有什麼發言權，這其中實力最為強大的國家，或者說 5G 標準的重要主導者是誰？當然是中國。

可能很多人會對這個標準立項的結果非常不解，為什麼中國移動的立項有十項之多，超過了美國一個國家的立項總數，中國移動的技術真有這麼強嗎？

中國移動公司很大程度上影響了世界 5G 標準制定，這不是無緣無故的，可以從多個角度進行分析，其中最明確的兩個緣由是：

(1) 中國移動是對 TDD 理解最深的電信公司。

說到 TDD，這是行動通信要實現雙向工作的基本原理。所謂「雙向」工作，就是把數據同時進行傳輸。我們打電話時，既可以說話讓對方聽見，同時也能聽見對方說話，這就需要雙向工作。要實現雙向工作，全世界有兩大技術思路，一個是分頻雙工（FDD），就是用兩個頻率來實現雙向工作，更簡單的表述，就是用兩根管子來傳輸訊息，一根管子往上發數據，一根管子向下收數據。這個辦法品質好，效率高，但問題是佔用的資源多，得用兩個配對的頻率。分時雙工（TDD）則是一個頻率，用時間來進行區隔，通俗描述就是，用一根管子來傳輸訊息，一會往上傳，一會往下收。它的傳輸速度就比不上兩根

管子了，好處是佔用的資源少。

技術上 FDD 和 TDD 各有優劣，不同的時代採用不同的技術很正常。3G 時代，全世界的技術主流採用的是 FDD，無論是歐洲的 WCDMA，還是美國的 CDMA2000。中國提出了自己的 3G 標準，也被作為國際標準之一，這就是 TD-SCDMA。當時這一做法在中國遭到了諸多詬病，TD-SCDMA 最初發展之路極為艱難，但中國政府還是決心支持它，把網路建設的任務交給中國移動這個中國最有實力的電信公司。中國移動最初也不想接，經過了艱難的建設過程，TD-SCDMA 終於得以商業化。

在 TD-SCDMA 的基礎上，中國在 4G 時代提出了 TD-LTE 這個技術標準。這時，全世界都看清了中國的決心，從晶片廠商到設備製造商都開始支持 TD-LTE，也支持 TD-SCDMA。可以說中國移動在 4G 上大獲全勝，取得市場領先地位，TD-LTE 標準也被多個國家的電信公司採用。

在此過程中，中國移動成立了一個 TD-LTE 全球發展倡議組織（GTI）推動支援 LTE-TDD 標準化與商業化。與此同時，在全球電信公司中，中國移動對 TDD 技術的理解最為深刻，形成了強大的技術積累。

人算不如天算。到了發展 5G 的時候，因為大頻寬需要更多的頻譜資源，而頻譜資源尤其是高品質的非常有限，於是很多國家放棄 FDD，轉向效率更高、頻譜利用率更高的 TDD 技術，今天全世界的 5G 技術都採用的是 TDD 技術。對於 TDD 有著十多年的積累，對 TDD 組網、技術特點有深刻理解和發言權的中

國移動，在 5G 技術中扮演重要角色，也就再正常不過了。

(2) 中國移動是用戶最多、網路最複雜的電信公司。

中國移動是世界上用戶最多的電信公司，擁有九億用戶，差不多相當於歐洲的總人口數，是美國人口的兩倍多，用戶層次複雜，用戶要求和特點非常不同。

中國移動建設了一個全球覆蓋率最高的網路，不僅在大城市，廣大農村地區也幾乎全覆蓋了，其網路建設能力是其他電信公司所不及的。

中國移動運作的網路有 2G 的 GSM、3G 的 TD-SCDMA、4G 的 TD-LTE，網路的複雜度高，除了承載語音、數據，還有大量的物聯網服務，對於網路的理解較其他電信公司更為深刻。

由此可見，在全球 5G 標準制訂方面，中國移動對未來 5G 的看法和要求，成為全世界 5G 發展的一個重要的參考。

以美國為首的幾家電信公司，在 5G 發展中主推非獨立組網（Non-Standalone, NSA），核心網和基礎網路還是 4G 的，然後在重點地區比如中心商業區，建設一點 5G 基地台，然後宣稱是 5G 了。但事實上，除了拿它當光纖用，為流量集中地區提供更多的頻寬，根本沒法全面開展 5G 業務。以中國移動為代表的中國電信公司提出了獨立組網（Standalone, SA）的路線圖，從一開始就是要建設一個真正的 5G 網路，雖然投資大一些，網路建設也比較複雜，但這個網路最大的好處，是可以開展所有 5G 業務。很多人可能不知道，非獨立組網建立以後還是要發展成獨立組網，其實要花更多的錢，而且會把網路變得更複雜。

在 5G 發展的路線圖中，以中國移動為代表的中國電信公司更加積極，而且眼光更遠，技術要求更高。加上中國有華為這樣的設備商，又有大量手機廠商、業務開發商，因此，在 5G 標準中，中國通過的立項最多。可以說，中國在全球 5G 標準中居於最前列，任何一項 5G 的子標準和技術，如果沒有中國，都很難達成。

需要說明的是，5G 標準不是一個國家，也不是一個企業能主導的，需要各國眾多企業一起來推動。而在這個群體中，中國的企業最多，出的力最大，這是世界各國不得不承認的。

5G 晶片的實力哪個國家強？

今天的通信是由計算、儲存、傳輸形成的一個體系，要做好 5G，無論是基地台還是手機，都需要晶片。中國的晶片和世界一流水準相比還是有比較大的差距。那麼，5G 晶片到底哪個國家最強呢？

要搞清楚這個問題，首先得瞭解 5G 網路哪些地方需要晶片。核心網路的管理系統，需要計算晶片，也需要儲存晶片，而基地台等眾多設備需要專用的管理、控制晶片。與此同時，手機需要計算晶片、基頻晶片（Baseband Processor, BP）和儲存晶片，未來大量的 5G 終端還需要感應晶片。這是一個龐大的體系，而在這一方面，中國大陸與全球頂級水準還有較大的差距。下面分項進行分析：

(1) 計算晶片：在服務器、核心網、基地台上需要計算晶片，可以理解成中央處理器（CPU）。英特爾是華為最重要的供應商，也是中興最重要的供應商，除了少數服務器晶片中國大陸有一定的產品外，絕大部份計算晶片都是美國企業稱霸世界。

(2) 儲存晶片：無論是服務器還是雲，都需要大量儲存，5G 的高速度、大流量自然需要儲存。如今的智慧手機，記憶體早已經從原來的 16GB 大幅擴容，64GB 都只是基本配置。儲存晶片目前還是美國、韓國、台灣居於主導地位。中國大陸也有多家企業在儲存領域發力，但想在市場上佔據主導地位，還需要努力一段時間。相信未來五年，中國大陸企業在這一領域會有較大作為。

(3) 專用晶片：除了計算、儲存這些通用晶片之外，在 5G 通信基地台及相關設備上，還會有一些專用晶片，這個領域依然還是美國佔據優勢。除了英特爾、高通這樣的企業外，還有大量的企業生產各種專用晶片。中國大陸是這些美國企業最大的市場。歐洲也有一些企業生產專用晶片。中國大陸在這一領域也有了較大進步，海思、展銳、中興微電子等企業都在設計和生產專用晶片。可以說該領域各國企業各有所長，不像計算晶片那樣被美國企業壟斷。

(4) 智慧手機晶片：行動通信最重要的終端就是智慧手機，智慧手機晶片，不僅要進行計算，還要進行專門的處理，比如圖形處理器（GPU）進行圖像處理，網路處理器（NPU）進行 AI 處理，因此智慧手機晶片必須盡量做到體積小、功耗低。拿

下智慧手機晶片，可以說就拿下了晶片王國皇冠上的明珠。4G時代，向所有企業供貨的最有代表性的企業是高通和聯發科，隨著各手機廠商技術實力增強，蘋果、三星、華為三強都分別研發了自己的旗艦機晶片，不再採用高通的晶片。但到了 5G 時代，三星的 5G 手機還是採用了高通晶片，蘋果一直在和高通打官司，最後結果可能還是會採用高通晶片，唯有華為 5G 晶片會採用自己的。聯發科也會在 5G 晶片方面堅持研發，而展銳經由多年的技術積累加上國家加大投入，正在 5G 中低端晶片上發力。總體來說，5G 智慧手機晶片，美國擁有最強大的實力，不過華為已經在旗艦產品上進行抗衡，而在中低端產品上展銳也會有所作為。

(5) 感應器：5G 是智慧互聯網時代，除了計算、儲存、控制晶片之外，感應器是半導體領域的新機會。目前，在智慧手機上已經有大量感應器，而 5G 智慧終端中的感應器會更多，能力會更強。在這一新興領域，不少國家都加入到爭奪中，目前很難分出高下，除了恩智浦等大型半導體公司，還有大量中小企業希望有所作為，而日本的村田製作所等企業也有一定優勢。

綜上所述，在 5G 晶片領域，美國總體上佔據較大優勢，如果不出大的意外，會在未來一段時間內繼續居於主導地位，而歐洲出現一定的衰落，中國大陸則正在發力尋求突破，未來的五到十年，目前的市場格局是否會發生較大的變化尚難判斷，但中國大陸正在逐步變強，是一個不可改變的趨勢。

通信系統設備的研發和佈建能力

5G 要走出實驗室，成為消費者可以使用的服務，需要一個龐大的 5G 網路，這個網路是由核心網路、管理系統、基地台、天線、鐵塔等一系列產品組成的。我們稱該網路為通信系統，全世界的 5G 網路都必須由這樣的通信系統來提供服務。誰有能力研發提供這樣的通信系統，就是最有實力的證明。

除了研發出 5G 通信系統，還需要結合不同國家、地區、地域、氣候進行網路規劃和佈建，並不斷優化，從而提供良好的服務。舉一個簡單的例子。中國香港土地少，人口集中，而新疆地廣人稀，5G 網路的規劃和佈建是不一樣的，這就需要對網路有充份的理解，還需要豐富的經驗。

全世界最早的行動通信是美國人發明的，摩托羅拉是世界上最早也是最強大的通信設備公司，後來才出現愛立信、諾基亞、西門子、阿爾卡特、朗訊、NEC 等通信設備公司。在中國大陸曾有過所謂的「七國八制」，說的是眾多的通信公司在中國大陸爭奪市場。

2G 時代，中國大陸自己的通信設備可以說一無所有，後期才有少量設備，差距極大。3G 時代，中國大陸的大唐、華為、中興等公司開始藉助 TD-SCDMA 頻頻發力，而華為、中興也透過技術積累，在 WCDMA 上加大研發力度，產品極具競爭力，不斷在國際市場上開疆拓土。2G 時代歐洲企業通過統一標準，整合力量，確立了自己世界老大的地位。美國從 2G 到 3G 就缺

乏整合，內鬥非常厲害，政府在不同的集團之間態度搖擺，一會兒支持高通，一會兒支持英特爾，尤其是 3G 時代，因為標準爭奪處於下風和 WiMax 的全面失敗，美國的設備商遭到沉重打擊。

到了 4G 時代，中國大陸企業已有了多年的技術積累並進一步加大研發力度，同時服務水準高，價格也具有競爭力，漸漸成為市場的主力。這一時代通信系統的格局是：華為成為王者，在全世界一百七十六個國家和地區參與網路建設，網路的品質和服務受到歡迎，由此成為世界上最強大的通信系統設備製造商。第二是愛立信，它是歐洲最強大的系統設備商，但在全球的份額方面漸漸落後於華為。而諾基亞把那些倒下的企業都整合到自己旗下，包括朗訊、西門子、阿爾卡特、上海貝爾，進而佔據了第三的位置。中興居第四，韓國三星居第五。值得一提的是，中國大唐等企業也參與到系統設備市場中，還有日本 NEC 等企業，不過主要聚焦本土市場，在全球市場上缺乏足夠的競爭力。

系統設備除了端到端的，還有大量的天線、小基地台、直放站等相關設備，這些領域，中國生產商是最多的。

換句話說，如今，在全世界通信系統設備領域，綜合實力最強的還是中國的華為、中興、信科（大唐電信的母公司）。

5G 時代，在系統設備領域，中國企業成為主導基本上是毋庸置疑的。4G 時代，華為、中興在全球市場上攻城略地，靠的是什麼？首先是技術強大，這個技術是端到端的交付能力，一個營運商要建設網路，不可能自己做技術，它需要系統提供商

從網路規劃到網路優化，甚至後期運維支持都能提供全面的服務，這種能力考驗的是綜合實力，甚至還需要提供部份手機，華為、中興的手機業務都是這樣發展起來的。

華為、中興的技術實力在 5G 時代堪稱世界一流，各大營運商對此一致認同。除技術之外，華為、中興的產品在價格上也極具競爭力。同樣的產品，服務更好，報價有競爭力，這也是外國企業願意與中國企業合作的重要原因。

最後一點是服務支撐能力。所有的通信網路，說完全沒有問題，是不可能的，出現了問題，能不能即時得到回應並解決，就比較考驗人力資源了。中國企業成本相對較低，效率高，同樣的問題，中國企業即時解決問題、保證網路暢通的能力遠超其他對手。

從以上分析可以看出，在全球通信系統設備領域位居第一集團的是中國，第二集團是歐洲，韓國也有一定的市場。

手機的研發與生產

5G 的終端產品肯定不僅僅是手機，但在一段時間裡，手機還是比較重要的終端，會在很大程度上影響客戶的體驗與 5G 的發展。

目前，手機研發有一種向少數企業集中的趨勢。當今世界，手機研發和生產實力最強的是美國、中國、韓國，世界三強是韓國的三星、美國的蘋果、中國的華為。而三強中，三星和蘋

果都面臨一定的困難。三星從「電池門」以來，品牌受到了較大影響，雖然全球市場情況依然不錯，但在中國市場的份額萎縮至前十以外。蘋果因為缺少創新，二○一八年的新機表現不如人意。唯有華為具有較強的爆發力，發展勢頭良好，在鞏固了中國市場老大的龍頭地位後，在歐洲、印度、中東、東南亞、南美市場都有很好的表現。

到二○二○年，5G 在全球開啟商業化，華為手機因為擁有強大的綜合能力，又有自己的晶片，可以很好地支持 5G，其優勢是顯而易見的。三星在晶片上很可能受制於高通，還要面臨中國企業的競爭。而蘋果也有自己的問題，在 4G 時代其放棄了高通的基頻晶片，為了不受制於其他公司，蘋果自主研發 5G 基頻晶片也是很有可能的；或是繼續採用英特爾的基頻晶片，對於在通信領域的積累還需要努力的英特爾而言，能不能很好地支持 5G，讓蘋果手機有更好的表現？還是再回頭和高通合作，都得打個問號。5G 時代，全球手機三強中，誰能引領風潮，最終還是得看誰的技術積累最扎實，誰的創新能力最強，才能讓消費者買單。

世界十大手機品牌，中國佔據 7 席，韓國除三星外，只有 LG 擠進了全球前十強，而中國的 oppo、vivo、小米是前三強後面的小三強，聯想、中興雖然在中國市場表現不佳，但在全球市場表現不錯。目前，全世界第一批推出 5G 手機的企業，主要是中興、聯想、oppo、vivo、小米等中國企業。可以說，在智慧手機領域，目前還沒有一個國家可以在綜合能力上和中國企業

抗衡。

隨著中國市場爭奪加劇，越來越多的企業把視角轉向全球市場，華為、中興、聯想早就在國際市場有所作為。近幾年，小米、oppo、vivo、一加都在海外市場發力，傳音這樣的企業在非洲市場佔據了半壁江山，印度市場也被中國產品佔據了大半。

歐洲手機品牌只剩下一個諾基亞了，不過其已經在中國研發和生產，目前只能算是過去的一個品牌而已。

手機的研發和生產，第一毫無疑問是中國，美國的蘋果和韓國的三星也擁有強大的實力，但比拚綜合能力，美國和韓國均難敵中國。5G 時代，中國肯定會更進一步提升自己的實力，鞏固優勢。

5G 業務與應用的開發和營運

5G 不僅是網路和手機，還需要大量的業務與應用，這也是5G 能不能商業化的重要因素。那麼，這方面究竟哪個國家最有競爭力呢？

傳統的互聯網，基本上就是各國仿製美國。傳統互聯網業務都是美國最先發明和推動的，然後其他各國向美國學習，或直接採用美國業務。

到了行動互聯網時代，中國開始漸漸跟上甚至實現超越。今天的中國行動電子商務、行動支付、共享單車、打車業務、外賣業務，雖然部份業務的雛形還有些美國產品的影子，但越

往後發展，越超越了原來的產品。

舉兩個典型的例子。一個是微信。同樣的社交應用產品，美國不能說沒有，但是微信把它發展成支付服務平台，大大增強了用戶體驗與場景，這方面就很值得美國同行學習了。微信為海量用戶提供了效率和方便，尤其是大量小程式的能力，是傳統社交平台不能理解的。和微信比，臉書就相差了很多。

另一個是拼多多。電子商務早已有之，但是把社交平台和電子商務相結合，藉由社交平台形成強大推銷能力的做法，完全是一種創新，這也是美國或其他國家的企業不能理解的。如今，在很多領域，中國企業已經成為世界各國模仿的對象。

5G 是智慧互聯網的基礎，需要整合行動互聯、智慧感應、大數據、智慧學習，自然需要研發生產智慧硬體。如今，在智慧硬體產品的研發和生產能力方面，企業最多、實力最強的是中國，像智慧手環、手錶、體脂秤這樣的產品，中國很快做到了世界第一。目前，小米在智慧家居領域，整合產品的能力、接入的產品數量均遠遠超過蘋果和谷歌。

華為也開始在這個領域發力，並且已經形成強大的華為智選產品系列，通過 HiLink 協議，把各種智慧家居整合起來，它不是自己去做所有產品，而是透過平台，輸出整合、智慧化、銷售和服務能力。

中國智慧家居產品的研發和生產水準位居世界一流。中國公司的環境監測產品可以監測溫度、濕度、噪聲、PM2.5、PM10、甲醛、總揮發性有機化合物、二氧化碳八

項指標，可以和空氣淨化器、新風機相聯進行智慧控制，且產品價格不到一百美元，這樣的產品在世界上很難找到競爭對手。

面向 5G 網路開發特定領域的產品，大量的中國企業正摩拳擦掌。從晶片、模組到智慧硬體，從各種智慧家居到面向公眾服務、社會管理的產品，中國企業積極性很高，投入較大，地方政府對於那些能夠提升社會管理效率的智慧化產品也非常關注，比如水汙染治理、環境監測等方面的產品。

中國在行動互聯網領域的創新力，資金和人才的積累，智慧硬體的研發、生產能力，是其他國家難以企及的，這也是中國 5G 業務與應用發展的基礎。

電信公司的網路佈建能力

5G 網路能否發展建全，一個關鍵就是電信公司的網路佈建能力，只有佈建良好網路，普通民眾才能用得上，相關業務才能發展起來。

中國三家電信公司是世界上實力最強的電信公司，中國移動擁有用戶九億，用戶數全球最多，差不多是整個歐洲人口的總和，中國電信和中國聯通的用戶數也位居世界電信公司的前列。

中國的電信公司擁有強大的網路佈建能力，今天中國的 4G 基地台已經覆蓋百分之九十九的用戶，三家電信公司的 4G 基地台數超過三百五十萬個，總基地台數超過六百四十萬個，這個數量是其他任何一個國家都難以企及的。美國 4G 基地台數不超

過三十萬個，印度的總基地台數不超過七十萬個。在基地台數量上，中國和任何一個大國相比，都是其十倍甚至更多。基地台數量多意味著網路覆蓋能力強，網路的品質好。在歐美很多國家，出了城市不遠就沒有網路，或是網路通信品質很不好，在室內，很多地方的信號也不穩定，說明網路覆蓋不好。

中國的電信公司最值得稱讚的地方，是在廣大偏遠地區都很好地覆蓋了 4G 網路，百分之九十九的用戶都能享受到網路的便利。在農村地區覆蓋網路，不僅縮小了數位鴻溝，還對推動當地的社會經濟發展有良性的作用。

在網路佈建方面，其他大國與中國的差距非常明顯，這種差距在 5G 網路佈建中依然會出現，它最終會影響一個國家的社會管理能力和整個社會的效率。

除了基地台數量，中國在 5G 的技術路線圖上，也選擇了更為激進的獨立組網方案，而歐美多數國家選擇的是非獨立組網方案。非獨立組網方案的一大特徵是：長時間主要的網路還是 4G，只在核心地區用 5G 組網，也就是說，這種網路不能實現所有的 5G 場景與業務，它還是 4G 網路，只在少數地方透過 5G 提升了一些速度。而中國三家電信公司選擇的獨立組網方案，一開始就是建立一個獨立的 5G 網路，這個網路不僅可以實現重點地區上網的高速度，還可以支持低功耗、低延遲，這為工業互聯網、智慧交通等提供了通信能力，也為智慧家居爆發提供了機會。

試想一下，在歐美國家稍微偏遠一點的地方電信信號就很

不好，無法支持 4G，甚至連部份旅遊勝地都沒有行動通信信號，我們就能很好理解為什麼行動支付業務無法在歐美國家開展，根本原因是沒有一個高品質、高覆蓋的網路。而對中國用戶而言，大家默認在絕大多數地方都會有網路，都能很方便地用手機進行支付，這種場景能真正實現的國家沒有幾個。

如今，中國在 5G 發展過程中，更讓歐美國家產生對於中國5G 網路全面佈建後，他們將在社會管理能力和社會效率上大大落後於中國的焦慮。

中國很快的會建成一個規模龐大、品質很高的 5G 網路，進一步提高中國社會的效率，繼續增強社會管理能力，社會服務也會更加便捷。但對於其他很多國家來說，這些在較長時間內都很難實現。不僅是美國，歐洲同樣如此，尤其是南歐和東歐，因為大多數電信公司缺少足夠的資金，政府也缺少建設 5G 網路的決心。

政府支持和市場能力

5G 作為一個龐大的系統工程，僅僅依靠企業投入，沒有政府支持顯然是很難建成的。比如，在法律法規等方面，需要政府大力的支持和幫助。

中國政府在 5G 發展的態度上是非常明確的，積極支持加快5G 建設，這一方面可以拉動社會經濟發展，另一方面也能提升社會效率，降低社會成本。

　　一個非常典型的例子是頻譜的分配和規劃。頻譜是 5G 建設必需的基本資源，這和蓋房子要用地一樣。歐美很多國家對頻譜採用拍賣的方式，電信公司拿到頻譜需要花幾十億甚至上百億歐元，5G 還沒有建設，電信公司就背上了很高的債務，因此，小型電信公司對於 5G 的建設積極性不高，大型電信公司即使態度積極，但背負了很大的資金壓力。而中國政府採用的是頻譜分配方式，在經過協商後，根據電信公司的需要和技術情況，把頻譜分配給電信公司，頻譜佔用費用很低，電信公司壓力小。

　　網路建設也是一個大問題。電信公司建設網路，要進入大樓社區，整個過程較為複雜，不說價格，談判的時間就拖不起。中國建設 3G、4G 網路上，第一步，政府要求先在大樓上安裝基地台，這不僅降低了建設成本，也加快了佈建速度。而在政府支持下，進入社區、機關進行網路佈建就比較方便，大大降低了成本，尤其是時間成本。

　　從 3G 開始，中國政府讓電信公司進行了大規模的提速和降價，今天的中國，通信資費是世界大國中最便宜的，便宜的資費和廣泛的覆蓋，讓城市和偏遠山區都進入了行動互聯網時代。在 5G 網路建設過程中，中國政府還會一如既往地發揮巨大作用。當然，世界其他各國政府也在推動 5G 建設，比如分配頻譜、發放牌照，但在執行效率和實際效果上，和中國相比尚有較大的差距。

　　最後一個影響 5G 的力量是市場。一個技術和產品能否發展

起來，市場是不是足夠大是重要前提。只有市場夠大，才能降低成本，讓資本願意投資。中國擁有近十四億人口，消費者對新技術有特別高的熱情。這一點與歐洲的消費者差別較大。比如，中國用戶對於智慧手機和 3G、4G 技術的熱情遠超其他國家，甚至可以說中國普及 4G 似乎是一夜之間完成的。在一些國家認為 4G 應該是白領使用時，中國的老太太們已經用微信建立起了街坊群，交流做飯的技巧，而智慧手機更是覆蓋了從大城市到農村的所有群體。

　　近十四億用戶的市場需求也是其他國家和地區無法理解的。在其他國家或地區的電信公司還在透過高價格來實現高收入和較高利潤時，中國電信公司卻用低價格獲取了高收入，靠的就是龐大的用戶群。

　　5G 是一個龐大的體系，它是否足夠強大，靠的不是一個點，需要由多個力量形成綜合實力。在這個完整的體系中，中國除晶片稍弱之外，在其他領域均居於優勢地位。而中國的晶片也打破了一片空白的局面，在 5G 時代能實現較大突破。縱觀全球 5G 發展格局，歐洲強在系統，美國強在晶片，中國強在綜合實力。可以預期，隨著 5G 的商業化應用，中國將領先全世界。

電信公司的新選擇

　　面對即將到來的 5G 時代，電信公司如何揚長避短，在新的

技術和市場形勢下，找到屬於自己的機會，是它們必須正視而又非常焦慮的大問題。

網路層、管理層、業務層進一步分離

傳統的電話時代，電信網路建設、電信網路的計費管理和電信業務是三位一體的，完全融合成一個整體。電信公司既是網路的架設者，又是計費、業務的管理者，還是電信業務的提供者。當時，業務相對簡單，只有語音通信和短訊。在這個體系中，電信公司充份掌握了控制權，也掌控著整個生態鏈，它非常熟悉和享受這樣的生態鏈。

3G 時代，電信網路不但可以打電話、發短訊，還有了上網的功能。電信公司面對這一變化非常焦慮，擔心會淪為管道，在很長一段時間裡這成為它最焦慮的事。電信公司對於只能扮演管道的角色無法接受，仍希望獨佔生態鏈，除管理外，業務也希望自己來做。

從日本的 NTT-DOCOMO 做特定手機上網服務（i-mode）開始，既做管理又做業務就被電信公司奉為行業發展的代表模式：網路由電信公司提供，終端由電信公司按照自己的要求訂製，業務也由電信公司來提供。在這個模式中，電信公司一統天下，把網路、管理、業務都做了，雖然手機是定製的，一些業務由服務商來提供，但電信公司擁有品牌、服務、通路各方面力量，成為這個產業鏈的核心和業務整合者。

隨著 4G 時代的到來，透過智慧型手機就可以直接上網，很快有大量的業務開發商不受電信公司的控制，自己開發業務。這些開發商機制靈活，反應迅速，業務涉足的範圍廣且富有想像力，同時優勝劣汰的速度也快，由此，電信公司的體系很快被衝破，特定手機上網服務的模式基本上被消解。

中國的電信公司一直希望建立起自己既做管理又做業務的模式，希望在業務上能有所作為，比如曾經推出的飛信、支付、手機報等業務一度非常紅火，但隨著時間推移，市場競爭加劇，競爭對手在業務端頻頻發力，電信公司很快疲態盡顯。

電信公司在業務層面很難施展，很大程度上是由它的體制、思維、管理體系、人才結構決定的，而這些問題不是一天兩天就能改變的。不僅中國的電信公司如此，全世界的電信公司也存在同樣的情況。

對於電信公司而言，依靠網路的管理來營利這一模式已經非常成熟，也行之有效。這套體系和業務開發、營運、管理、推廣完全不一樣，融合起來困難較大。在管理上無法用另一套體系來進行評價，在用人上也很難給予業務開發人員比照市場價格。這就造成了電信公司開發的業務，即使走在前面，也很難取得業績，更別談不斷完善與提升。電信公司雖然有強大的銷售平台，但很難實現新業務的融合和推廣，效率不高。此外，當傳統業務和新業務在資源、人才上出現衝突時，電信公司通常選擇力保傳統業務，放棄新業務。同時，大量新業務在法律、社會責任上存在瑕疵和諸多條件限制，使得電信公司畏首畏尾，

不敢有所作為。

在 3G 向 4G 發展的階段，電信公司基本上接受了只做管道的現實，雖然在視頻、音樂、支付方面小有作為，但業務規模相對於管道而言體量非常小，社會影響也不大，在市場上的競爭力與一流的網路公司相比有非常大的差距。

隨著數據流量的加入，在 3G、4G 時代，管道與業務分離的趨勢越來越明顯，電信公司雖然透過管道獲得了較大規模的收入增長，但業務越來越被其他企業壓制。5G 時代，電信公司是繼續做管道還是想在業務上有所作為，未來的切入點在哪裡，引人深思。

相對於 3G 和 4G 時代管道與業務的分離，5G 時代會出現管道層、管理層、業務層的分離。

在 3G、4G 時代，電信公司提供了管道和流量，業務開發商可以做任何業務，管理的作用並不明顯。但在 5G 時代，除了管道層、業務層，管理層的價值會日益凸顯出來。

之前，電信公司的管理主要針對用戶，管理層的作用不是很明顯。但 5G 時代，網路並不是平等、無差別地提供給所有用戶使用。除了普通的個人用戶，還會有大量的企業用戶，不同的用戶對於網路的品質、穩定性、速度、功耗、延遲都有各自的要求。同時，在這個體系中，計費也會很複雜，針對不同的用戶，計費的原則和方法也會不同。

5G 時代，電信公司必須充份認識到管理層的價值，通過多種能力建設，在技術、管理原則上為管理層分離出來做準備，向這種分離趨勢要收益。

釋放 5G 網路管理層的能力

在即將到來的 5G 時代，即使電信公司做出努力，業務領域仍然不是它的長項。有幾個原因：(1) 業務範圍廣泛，電信公司不可能把所有的業務都拿來自己做。(2) 電信公司在體制、管理、流程方面仍很難進行全局的改變。(3) 最關鍵的一點，5G 會滲透到社會生活和社會管理的每一個角落，這些業務電信公司並不熟悉。所以，電信公司做業務並不是一個好的選擇，可能會起個大早，趕個晚集，很難成功。

值得注意的是，5G 時代除了需要一個泛在、高品質的網路外，還需要一個較為複雜、安全、可滿足不同需求的管理系統。

與 3G、4G 不同，5G 要面向大量不同的應用場景。之前，所有的用戶使用網路的場景是一個，即透過智慧終端進行聯網，這個終端無非是電腦或手機，其他設備很少。在這個網路中，所有的設備是平等的，電信公司的管理場景單一，只是通過流量來進行計費。而對於 5G，國際電信聯盟就規定了三大場景，即增強型高速度的行動寬頻網、低功耗大連接的物聯網、低延遲高可靠的網路通信。對於不同場景，電信公司提供的網路不同，質量要求不同，計費模式不同，帶來的收益也會不同。

即使在同一場景下，用戶情況不同，所需的服務也不同。例如，在 eMBB 網路中，普通用戶上網只是為了瀏覽、社交、交易、觀看視頻等，這些業務在網路穩定性、網路通信品質保證方面的要求並不高，但對於價格比較敏感。對於這樣的用戶

群，電信公司需要制訂低價格的方案，在服務保證上的等級相對較低。

同樣在 eMBB 網路中，如果用戶做的是遠程行動醫療業務，它就需要非常穩定的網路頻寬，甚至還有時間方面的特殊要求，如數據傳輸不能延遲、中斷。

對於上面兩種不同的業務，如果網路速度都是一樣的，顯然不妥。這就需要對某些業務進行有針對性的保證，對網路資源進行管理，對業務進行重新定義，對安全性等提高要求，建立起強大的保障能力，而這種強大的保障能力，收費肯定是較高的，與一般用戶的收費完全不同。

而物聯網場景下的業務，很多需要低功耗，並不需要太高的速度，但對安全性有非常高的要求。電信公司針對這種場景，已經用 NB-IoT 和 eMTC 建立一個新網路來作為支撐，它的計費自然也會有一套新體系。

在管理層方面，最為明顯的是要求低延遲、高可靠的場景，這種場景主要服務於智慧交通、工業互聯網、無人駕駛飛機等。要藉由多種技術，保證其安全性，在底層和網路端做好安全保證，把各種風險擋在門外。同時，需要用多種技術保證降低延遲。普通用戶看電視時，有一些延遲是可以接受的，但無人駕駛汽車遇到緊急情況時，如果煞車信號需要二十毫秒才能接收到，車會繼續前行半公尺，就有可能會出大事故，因此必須在一毫秒內傳遞這個訊息。針對這樣的場景，需要進行網路調整，通過多種能力建設形成強大的保障，其收費標準肯定不是按照

一般性的網路服務收取。

　　對於電信公司而言，要形成強大的管理能力，需要建立起一個複雜的體系來支撐。首先，針對不同的業務場景，提供多種網路能力支持。eMMB 網路需要利用各種資源，整合大量的頻譜，提供高速度傳輸，還要把毫米波用來支持通信能力，這是典型的 5G 技術。但是要支持物聯網，就不可能用 eMMB 的網路，而是需要用 NB-IoT 和 eMTC 的技術，組成不同的網路。它們標準與技術不同，速率不同，支持的終端也不盡相同。這就需要電信公司建設多切片的網路，用多種技術組成一個複雜的 5G 網路，而不是像以前一樣，只靠一個網路，提供通用服務。

　　計費上，5G 會比今天的 4G 更加複雜。通信計費經歷了通話時長、短訊條數和流量三大計費單元。但在 5G 時代，除了這三大計費單元外，還需要更多的計費模式。比如智慧手環，它只是記錄人的運動和心律數據，數據流量很小，相對於 5G 巨大的高速度流量，這點流量基本可以忽略不計，但它要佔用碼號資源，也需要進行管理，完全不計費顯然不可能。

　　5G 時代是萬物互聯時代，每個家庭可能會有十幾個甚至幾十個設備，如果對這些設備進行單獨的管理和計費，用戶一定會覺得太複雜，因此需要找到一種既保護電信公司利益，又兼顧消費者利益，同時不讓消費者覺得過於繁瑣的計費模式，這是 5G 時代必須解決的難題之一。

亟待重建自己的技術研發能力

　　一段時間以來，電信公司已經從高技術企業，逐漸演變為項目管理、銷售和服務公司。技術能力越來越弱，網路建設、管理系統、業務開發都依靠外包。技術研發人員的規模與公司員工的總規模相比比例非常小。

　　在技術成熟、發展非常穩定的時代，這種情況是可以理解的，效果也不錯，因為成本大幅減少，電信公司可以把主要精力用於管理與銷售。但在 5G 時代，電信公司不但要提供通用的無差別網路，還要向用戶提供有穩定的網路、管理、計費等服務，這就需要它隨時提供服務支撐，隨時瞭解用戶需求，並在第一時間做出反應，重建管理能力，之前那種經由技術外包再招標的模式已經無法適應這種新變化。

　　通過下面兩個典型的案例，可以看出來：技術研發缺失、離產品設計越來越遠正困擾著電信公司的下一步發展。

　　飛信曾經是中國移動一個非常有代表性的應用，一度在市場上佔據重要地位，它本來有機會發展成為壟斷市場的強大應用。但是，飛信的開發、維護都是合作夥伴來做，每年需要招標。曾經有一段時間，技術相對穩定，飛信有著和電信網路打通的優勢，可以發送短訊，受到用戶歡迎，發展速度令人矚目。但隨著4G的到來，智慧手機高速發展，用戶對流量的需求大增，網路的訊息傳輸機制從上網訪問轉為推送，這就需要新的社會資訊系統。此時，騰訊以較快的速度開發了微信，並且把這個

產品發展成為 4G 時代最為普及的社交應用平台，並在這個應用上加載了更多的服務，成為一個全新的服務平台。飛信本身轉型很慢，隨著微信的出現，飛信的業務嚴重萎縮。

飛信的衰落很大程度上反映出一個尷尬的現實：電信公司本身不擁有技術，外包對於穩定的技術來說是適合的，但在技術轉型時代，如果自己的技術能力弱，不對技術和用戶需求進行研究並找到二者的結合點，情況就會變得糟糕。因為受到現實情況的限制，合作的外包公司在轉型過程中，很難去進行投資與技術開發。電信公司對於技術和網路結合的理解不到位，很難跟上時代變化的節奏，落後也就是自然的了。

雲的情況更是如此。電信公司擁有機房和網路，與用戶其實很近。因為本身為用戶提供網路，在此基礎上發展自己的雲端業務，應該說具有得天獨厚的優勢。但實際上，電信公司在雲業務發展方面也面臨一些困難，因為絕大多數用戶需要的雲服務，不僅是雲端儲存，還需要建立起管理體系，這就需要對自己的業務進行有針對性的優化，並對不同業務建立起管理系統。而在這一方面，電信公司提供的服務和技術支持極為匱乏，於是用戶流失，競爭不過網路公司。

5G 不只是單單一個網路，而是需要強大的管理能力來支持。5G 會滲透到社會管理、社會服務、傳統製造等各個領域，大量傳統業務使用 5G 時，需要進行新一輪的技術開發，以滿足不同用戶的選擇和需求。在此過程中，需要大量的人才積累、技術積累與能力積累。

目前，中國的三家電信公司已經有十萬人的技術研發隊伍。在 5G 網路基礎上，形成更接近用戶的研發能力，不但非常必要，同時也是電信公司面向新時代、重建自己能力的根本保證。但建立合理的人才隊伍，需要對評價機制、管理機制、薪酬機制進行改革，思維模式也要做出改變。唯有重建技術研發能力，電信公司才能在 5G 時代立於不敗之地。

Chapter 3

5G 將重新定義傳統產業

智慧交通

在 5G 時代以前，交通工具的發展經歷了幾大階段。最原始的交通工具是人的雙腳，然後是被人類馴化的馬、驢以及馬車、牛車等，同時，轎子與畜力工具長期並存，再往後，隨著蒸汽機出現，汽車、火車代替了原始的交通工具。隨著文明的飛速發展，人類上天入地下海也變得司空見慣。在即將到來的 5G 時代，人類的交通工具將變得更加智慧化，功能更為強大。

進入無人駕駛時代

電影《玩命關頭 8》（*Fate of the Furious 8*）中有一個頗為驚險的場景：恐怖份子經由電腦間接控制了上千輛汽車，使其在街頭橫衝直撞，成為殺人武器。

這不是導演的臆想，實際上汽車的遠端控制已經不是一個新話題了。如今，將手機透過行動通信網路連接就形成了行動互聯網。同理，將無處不在的汽車看作是一個個終端，將車透過行動通信網路連接，就形成了車聯網。

簡要來說，所謂「車聯網技術」，就是通信、智慧汽車等多種技術的深度融合。在 3G 和 4G 時代，車聯網技術不夠成熟，關鍵的障礙是通信系統的數據傳輸速度不夠快，物與物之間的訊息傳遞還未真正建立起來。進入 5G 時代後，超高速傳輸將打

破這個瓶頸,自動駕駛指日可待。

　　從最起碼的條件來看,無人駕駛需要依靠車內的機器大腦與雲端的即時數據產生大量的運算,其每小時產生的數據甚至可以達到 100GB。這是 4G 無法滿足的,5G 則不然,它高速度(峰值速度可達 10Gbps)、低延遲(一毫秒)、大容量(相當於目前的一千倍容量)的特點,能真正讓延遲時間縮短至一毫秒,並且容納龐大數據處理的頻寬,實現輕鬆的無人駕駛。《玩命關頭 8》中的上述場景,就是車聯網終端與無人駕駛技術的融合。藉由車聯網,最終形成車與車的連接,人、車、路、雲之間的數據溝通,智慧化特徵極為明顯。

　　可以預見,5G 給交通領域帶來的巨大變革,無人駕駛絕對是關鍵的一環。

　　如果把時鐘回撥,我們會發現,在二十個世紀的大部份時間裡,汽車涵蓋速度、創新、個性等,是現代技術的尖端代表之一。為了讓汽車能更好地服務於人們的日常生活,絕大多數國家建立了龐大複雜的公路系統,並將這種系統向農村蔓延。正如亨利‧福特(Henry Ford)在一九○八年生產 T 型車改變了行業面貌一樣,創新在人們探索精神的推動下,不斷催生出更好的技術和產品。讓人倍感興奮的無人駕駛,將使傳統的汽車行業再次迎來全新變革。

　　二○一八年二月,美國加利福尼亞州成為首個允許沒有人類安全駕駛員監督的無人駕駛汽車進行公路測試的州,這意味著像優步和谷歌旗下的 Waymo 公司正在加速將無人駕駛汽車推

向市場。

　　而在地球另一端的中國，無人駕駛汽車也出現在街頭。據中國新聞網報導，二〇一八年三月二十二日，在北京街上，幾輛外形獨特的轎車平穩前進，這些汽車頂部裝著不斷旋轉的儀器，煞車、減速、轉彎、平穩行駛，似乎與正常行駛的汽車沒什麼區別。然而，透過車窗可以看到，坐在汽車駕駛座上的司機卻雙手放在膝上，完全由汽車自動駕駛。這是北京市首批自動駕駛測試的現場，當天，北京市交管局向百度發放了北京市首批自動駕駛測試用的臨時號牌，三輛自動駕駛汽車正式上路測試。除了北京，上海、重慶等多個城市也先後制定了無人駕駛汽車路測政策，無人駕駛汽車項目如雨後春筍般湧現，行業熱度迅速升溫。

　　不論是政策法規層面還是技術層面，自動駕駛都在逐漸完善，而這些車輛將如何影響我們的生活，仍然是個充滿想像力的問題。

　　隨著傳統能源不斷枯竭，加上汙染問題日趨嚴重，未來，大街上的汽車可能被更智慧的無人駕駛汽車取代。在這種車上，因為雙手和注意力被解放出來，人們可以抽出更多的時間處理工作、閉目養神或享受娛樂節目。

　　對於行動不便的老年人和身障者來說，無人駕駛汽車絕對是得力的助手和福音。如今，方便快捷的電子商務已經對那些不能開車或無外力協助難以行動的人產生了深遠影響。想像一下，如果你在超市、購物中心、健康診所、餐館因身體不便無

法回家，無人駕駛汽車會去接你，平穩地把你送回家。

　　當然，交通中最重要的一定是安全性。目前的無人駕駛還處於測試階段。二〇一八年三月十九日，在美國亞利桑那州坦貝市（Tempe），一輛優步自動駕駛汽車撞死了一名女子，這是第一起全自動駕駛汽車將行人撞死的案例。釀成悲劇的原因之一，還是未能將無人駕駛放在 5G 的環境下運行。因為在 4G 時代，無人駕駛總會讓人感覺車輛慢了半拍，也許數據還沒有即時傳輸，現場情況就發生了變化，就算是 4.5G，危險同樣存在。而 5G 因為數據的低延遲特點，能大大提高安全性。

　　但不管怎樣，不可否認的是，無人駕駛的未來不容小覷。就拿智慧手機來說，二十年前，人們認為擁有一台諾基亞手機就已經很完美了，沒想到如今人手一台充滿現代感的大螢幕智慧手機。所以，「我們即將進入無人駕駛時代」，司機這一職業可能消失，交通警察可能失業，加油站可能消失……

　　在 5G 時代，自動駕駛必將對社會產生革命性影響。

道路被重新定義

　　在城市化進程中，交通是經濟社會發展的命脈。如今，關於出行的話題也越來越多，現在的交通方式相比從前已經發生了巨大的變化。無論是出行方式的多樣性，還是出行的便捷度、舒適度、安全性，都得到了全方位的提升。但一個殘酷的現實是：道路壅塞、停車困難、交通事故頻傳等問題也越發嚴重。

交通系統具有時變、非線性、不連續、不可測、不可控的特點。在過去缺少數據的情況下，人們在「烏托邦」的狀態下研究城市道路交通。但隨著即時通信、物聯網、大數據等技術的發展，數據採集全覆蓋、解構交通出行逐漸成為了可能，一場交通系統的革命已經到來。

可以預見，智慧交通協同發展將成為一種趨勢。車路協同系統被稱為道路交通安全的第三次革命，是智慧交通發展的重要目標之一。車路協同系統的基礎，是車輛之間、車輛與不同地方的路側設備之間的相互交流。

隨著 5G 時代的到來，車聯網將會繼續升級。早期的車聯網僅指車上有通信裝置的車載導航系統，車輛能夠透過公共網路和車輛後台進行通信，獲得導航等初級服務。現有的交通訊息系統各子系統如紅綠燈、出租車、高速、公車等系統相互獨立，後台數據沒有共享。

車路協同系統則主要藉由無線短距通信技術，實現車與一公里內車輛及道路的訊息交互，以獲知周邊車輛速度、位置訊息等周邊環境訊息，藉此判斷周圍行車環境、預測事故機率，並實現救護優先、大眾運輸優先等功能，提高行車安全性及交通效率。

同時，傳統的交通方式也面臨著變革。現階段，部份汽車已經能夠實現半自動駕駛，但這部份汽車在行駛過程中難免會受到其他非智慧汽車的干擾和影響，交通事故難以避免。未來的一段時間，當無人駕駛汽車和普通汽車並存時，在一些高速

公路或者城市道路上可能會專門為智慧汽車設計專有的車道，讓智慧汽車和普通汽車能夠有序運行，這樣道路的通行能力就會大幅提高。而在無人駕駛汽車全面替代普通汽車時，城市的道路規劃就變得更加簡單了──因為汽車能夠自動識別和規避障礙物。

　　道路被重新定義的另一個含義，是未來的道路將是智慧化的數位道路，每一平方公尺的道路都會被編碼，用無線射頻辨識（RFID）來發射信號，智慧交通控制中心和汽車都可以讀取到這些信號內含的資訊，而且透過無線射頻辨識可以對地下道路、停車場進行精確的定位。在這種精準定位的道路上，智慧交通控制中心可以有效地對每一輛車進行管理，用戶也可以準確地找到需要找的車。最為重要的是，每一輛車會沿著一個數位軌道運行，大大減少了事故發生的可能性。無人駕駛汽車只需要發現前方的障礙並即時反應，不需要擔心因為變換車道、超車、障礙物帶來的影響。

　　設想一下，重新定義之後的智慧交通將是這樣的：清晨，完成充電的智慧汽車從車庫裡駛出，它接到智慧交通控制中心的指令，去接一個客人。在路上，這輛車會沿著一個已經規劃好的數位軌道運行，精確地到達客人的身邊，再把客人送往目的地。所有的路線都由智慧交通控制中心進行規劃，既保證了高速度，也不會出現交通壅塞，因為哪輛車在什麼時間經過什麼地方，都進行過運算。客人下車之後，自動進行扣費。運行一天的智慧汽車，晚上會進入自動消毒站消毒和清洗，然後回

到地下車庫的充電樁進行充電。這一切都無人控制。

　　曾經，中國每年有約十萬人死於道路交通事故，近年管理水準有所提高，每年死於道路交通事故的人還有五萬人左右。隨著道路被重新定義，智慧交通體系不斷完善，未來每年道路交通事故的死亡人數會下降至幾千人，甚至幾百人。

　　依據科學技術發展的趨勢，未來的道路交通系統必然會打破傳統思維，側重體現出人類的感應能力，車輛智慧化和自動化是最基本的要求，因交通事故導致的人員傷亡事件幾乎很難見到，道路網絡的交通承載能力也會大幅提升。當然，這一切得以實現的基礎，是必須確保通信技術高速、穩定和可靠。

　　屆時，更為先進的資訊科技、通信技術、控制技術、傳感技術、計算技術會得到最大限度的整合和應用，人、車、路之間的關係會提升到新的階段，新時代的交通將具備即時、準確、高效、安全、節能等顯著特點，智慧交通系統必將掀起一場革命。

能源實現大規模儲存

　　從歷史來看，人類社會得以不斷向前發展的三大基礎是物質、資訊和能量。世界是由物質組成的，資訊是交流的媒介，能量則是一切物質運動變化的動力。

　　作為人類發展能量的主要來源，能源儲存能力的不斷改進和增強，不但改變了人們利用能源的方式，也推動著產業發展、科技進步和人類文明持續向前。

　　舉一個日常生活中常見的電力來說，因為人類的生活起居遵循一定的規律，對電力的需求在白天和晚上負荷變化很大，巨大的用電峰谷差，使得高峰期電力緊張，離峰期電力過剩。如果將離峰期的電能儲存起來供峰期使用，將大大改善電力供需矛盾，也能有效緩解部份地區夏天用電高峰期電力不夠的情況。再如太陽能，由於太陽晝夜的變化和受天氣、季節的影響，也需要儲能系統保證太陽能利用裝置連續工作。

　　近年來，能源危機愈演愈烈，將新能源應用於汽車領域，對人類生存的環境來說意義重大。

　　在智慧交通領域，能源儲存體現在電池上。未來能源發展依賴於能量儲存技術的突破。

　　一九七〇年，研究人員首次發明了鋰電池，隨後鋰電池的能量密度不斷提升，成本不斷下降。然而，和摩爾定律一樣，鋰電池的發展已經達到了理論極限，研究人員正在尋找替代技術。電池能量密度儼然是目前電池行業，甚至是電動汽車行業向前大跨步發展的最重要的突破口。

　　據媒體報導，美國阿貢國家實驗室（Argonne National Laboratory）能源儲存聯合中心正在開發下一代電池技術，它比現在的電池強大五倍，成本卻只有現在的五分之一。

　　在新能源汽車領域的儲能應用包括充電站建設、車輛到電網（Vehicle-to-grid, V2G）以及動力電池的梯次利用等。

　　如今，在政策、技術、市場的多重推動下，新能源汽車發展加速，二〇一六年時主流純電動汽車續航還不到三百公里，

如今已經紛紛開始進軍五百公里的大關，甚至部份車型續航已達八百公里。

隨著全球各國對環境問題日趨重視，低碳和綠色出行成為趨勢，未來的能源結構肯定是多元化的，傳統能源不可能一夜之間退出市場，因此多種能源形態將在較長一段時間內並存。

當前，以風、光、水為主要能量來源的新能源是離散分佈的，越來越先進的儲能技術將把分佈生產的能源大規模聚集儲存，如此一來，即使能源生產方式是多元甚至離散的，但能源的使用依然是集中式和高密度的。

新能源汽車正在顛覆出行革命，當中的機遇和挑戰並存。對於行業而言，全球技術儲備較為雄厚的汽車公司、電池製造商都在緊鑼密鼓地展開佈局，以期能夠迅速在這個新興市場中站穩腳跟。

人類歷史上曾經有過很多大師，但是到當代，基本沒有大師了，這不是當代人缺乏知識，而是今天已經沒有資訊壟斷者了，改變這件事的，是矽。紙作為儲存介質的時代，訊息儲存量少，傳播速度慢，一般人很難獲得大量訊息，這才有了學富五車的大師。而矽的出現，讓訊息大規模儲存成為現實，帶來的結果是，這個時代已經無人能夠成為資訊壟斷者，所以大師稀缺。

人類要解決的下一個問題就是能源的大規模儲存。風能、太陽能、水能、潮汐能等，這些能源可謂取之不竭，但一個最大的問題就是無法進行大規模儲存，導致大量的能源只能白白

流失。今天的鋰聚合物電池是最為強大的電池，但是它的密度不夠，儲存的電能需要佔用龐大的體積。要解決能源的大規模儲存，根本的突破是新材料。石墨烯（Graphene）這樣的新材料讓高導熱、高導電、高透明變得不再是問題，可以讓充電速度極大提升，解決了能源的傳輸速度問題。但人類要找到一種具有高能量密度，同時也有較好的穩定性和安全性的新材料，還存在相當的難度。如果人類在這個領域實現突破，對整個世界的改變將是巨大的，甚至改寫全球財富結構和政治格局。

真正的汽車共享

當下，共享經濟十分火爆，共享單車、共享汽車、共享雨傘、共享行動電源等已經在中國大中城市隨處看見，成為日常生活的一部份。說到共享經濟，這個術語最早由美國德州州立大學社會學教授馬科斯‧費爾遜（Marcus Felson）和伊利諾大學社會學教授瓊‧斯潘思（Joe L. Spaeth）於一九七八年在發表的論文中提出。此外，共享經濟還有一個由共享經濟鼻祖羅賓‧蔡斯（Robin Chase）提出來的公式：共享經濟＝產能過剩＋共享平台＋人人參與。

簡單地講，共享經濟就是利用別人暫時不用的、閒置的資源加上人人參與。

在出行領域，除了自動駕駛，共享汽車也為人們津津樂道。共享出行將成為未來行動出行的另一大方向。

　　據統計，大多數自用車九成時間都處於閒置狀態。優步和滴滴先後在中國崛起，讓閒置的自用車得以為緩解交通壅塞和解決環境汙染發揮巨大作用，而當二十四小時不停歇的自動駕駛和 5G 技術疊加其上時，這種作用會被成倍放大。

　　傳統的叫車服務和租車服務，一定程度上改變了我們與汽車的關係，相當於去一個地方不必非要開自己的車。自二〇一〇年優步成立以來，目前其業務已擴展至全球七十七個國家和地區的六百多個城市，每天提供千萬人次的出行服務，給社會和大眾帶來的影響顯而易見。

　　進入二〇一八年，火藥味十足的話題便是美團成功上線，美團打車入駐上海，搶佔滴滴市場份額，三天內取得七十萬筆的訂單量；同時，高德地圖在三月二十七日宣佈推出順風車業務（二〇一八年八月二十六日，高德地圖已下線該業務）。從滴滴、美團、高德的舉動不難看出，出行領域的獨角獸們認準了共享出行這塊大餅。

　　此外，汽車分時租賃的發展勢頭也比較迅猛。這種模式在歐美國家已經有超過十年的營運時間。二〇一三年，上海也開始推廣分時租賃汽車。

　　可以預見，在出行領域，5G 商業化之後，專車、出租車、租車和分時租賃等多種服務將與自動駕駛技術充份融合，為民眾提供更加安全高效的出行服務方式，共享汽車的內涵會更加豐富。

　　可以預見的是，這種共享汽車會出現如下場景：用戶在智

慧終端尋找車輛，點擊我要上車，輸入上車地點，然後汽車自動從停車位駛出，來到用戶所在的位置。用戶上車後，汽車自動匹配相關路線，智慧決策，駛向目的地。到達目的地後，用戶只需點擊我要停車，汽車就會自動駛入停車位，等待下一位用戶的光臨。

　　未來，人們還要不要買車，自用車會不會被共享汽車完全取代，要看這些共享新模式能在多大程度上滿足人們的出行需求，而這一切只能由時間和市場來檢驗。

　　值得一提的是，無論是新能源汽車逐漸取代燃油車，還是共享出行取代自用車，汽車行業的進化正在發生。而智慧交通的快速發展，將為人類帶來全新的出行體驗，「自動駕駛 + 共享汽車」才是真正的汽車共享。

　　5G 網路廣泛覆蓋後，人類將進入智慧交通的時代，很大可能是所有車都成為共享汽車，佔有汽車的人只是少數有特殊需要的人群，對於普通人而言，需要車時，智慧交通系統就可以派一輛車來接你，你只需要支付服務費用即可。這些車不需要人來駕駛，成本也很低。因為智慧交通體系的支撐，這些車不會壅塞，使用效率高，安全性可靠。

　　因此，今天的打車應用，一定程度上在為未來的服務模式提供嘗試，只是這些車今天還是由人來駕駛，成本還是比較高。

醫療健康

很長時間以來，人們對於醫療健康，更為關注的是智慧設備被用於醫療，包括遠端診斷、遠端治療，甚至遠端手術。當然，這對解決醫療不平衡問題會有較大的作用。醫療健康領域另一個全新的機會是智慧健康管理，透過智慧化的管理能力，實現人的生理協調、心理平衡、飲食均衡、運動適應、環境清潔。這種健康管理是經由智慧感應能力，把大數據、人工智慧的能力整合起來，對人的生活方式進行管理，幫助人們形成良好的生活方式和習慣。

從長遠來看，智慧健康管理的效果可能比遠程醫療更實在。

健康訊息被即時採集

5G 時代，通過萬物互聯，人的身體一旦出現問題，就能被自己或醫院事先感知，然後對異常問題進行針對性的治療和控制。如此一來，就能很大程度上避免出現去醫院檢查時才被告知患有重大疾病的情況。

其實在 5G 商業化之前，醫療界已經製造出一些採集人體健康訊息的儀器。

一開始主要是基於藍牙和 GPRS 系統的醫療儀器。例如病人攜帶的輕便腕式血壓計，這種血壓計可以一天二十四小時

監測病人的體溫、血壓和心跳等訊息，並將採集到的訊息經由藍牙技術發射到手機或者是有無線通信功能的設備上，再利用 GPRS 技術，將這些訊息發送到監控中心的電腦上，然後電腦根據這些訊息進行分析，並根據分析結果採取相應的對策。如果數據正常，監控中心的電腦將不做處理，而只是保存訊息，以為日後做訊息比較時採用。如果數據出現異常，監控中心的電腦則會快速做出反應，例如啟動警告系統等。

隨著互聯網的發展，不少新型的智慧醫療儀器開始出現，所基於的技術也轉向了更高階的物聯網和雲計算。例如透過射頻儀器等終端設備在患者家中進行體徵訊息的即時監控。通過物聯網，可以實現醫院對病人的即時診斷和健康提醒，達到有效減少和控制疾病發生和發展的目的。

隨著 5G 時代的來臨，健康訊息的採集功能變得更加方便和實用。美國哈斯商學院（Haas）的一份報告中指出：「最能體現 5G 在醫療領域影響力的是『醫療個性化』。物聯網設備可以經由不斷搜集患者的特定數據，快速處理、分析和回饋資訊，並向患者推薦適合的治療方案，這將使得患者擁有更多的自主管理能力。」

5G 的快速處理能力，可以更好地支持各種連續監測和感官處理裝置，患者可以持續地被監測，持續地被告知醫療數據，預防性護理普遍成為可能。

智慧終端訊息採集系統可以完成人體健康關鍵參數的採集，例如血壓、心跳、脈搏等訊息，還具有智慧分析的功能，

可以線上分析病情，且通過無線網路與一定的資訊處理平台關聯，能夠完成人體的健康訊息感知。

可以想像一下，一個人在家中只要佩戴上醫療傳感器，他的生命體徵就能被即時地傳遞出來，醫院、醫生、本人都可以第一時間掌握，從而動態地制訂出醫療計劃，人體的醫療健康水準就比之前前進了一大步。

這種情況正在發生。二〇一七年，一款醫療物聯網（IoMT）產品在 Qualcomm Tricorder XPrize 醫療設備競賽中獲得大獎，這款產品能診斷和解讀十三種健康狀況。它的數據採集器是一個能放置於手中的傳感器，人們在家中就可以輕鬆地瞭解自己的健康狀況。

高通生命（Qualcomm Life）公司也創立一個基於 5G 的醫療物聯網平台 2net，該平台藉由生物識別傳感器來獲知人體的各種數據，這些數據可以無縫地被傳送到雲端，以便與其他程式或門戶進行整合，達到隨時隨地持續監控的效果。

當然，這只是一個開始。5G 時代對於健康訊息的採集還要方便寬廣得多。在醫療健康領域，時間的即時性和資料的全面性十分重要，5G 網路能夠提供的就是更多更全的健康數據的即時傳輸。醫療物聯網生態系統的設備和傳感器能幫助人們在採集所有能得到的健康訊息之後，實現個性化的健康治療計劃。不只是患者，健康的人也可以利用這個設備來監測自己的飲食和健身情況，即時預警，適時調整自己的狀態。

多維度健康模型建立

隨著生活水準的提高，人們對健康的追求出現了新的變化。如今，人們需要的不僅是身體的健康，還包括心理的健康和精神的安寧。健康管理不再只是針對單一的疾病進行治療，而是演變成對人的整個生命週期的健康進行管理的過程。

5G 的到來使得醫療物聯網生態系統成為可能。這個生態系統從大的方面來講，至少可包含數十億個能耗低、位元速率（bit rate）也低的醫療健康監測設備、臨時可穿戴設備和遠端傳感器。

醫生或健康管理人員依據這些儀器即時提供的生命體徵、身體活動等數據，就能夠有效地管理和調整患者的治療方案。這些數據也可以用來進行預測分析，使得醫生或健康管理人員可以快速檢測出普通人的健康模式，從而讓診斷變得更加準確。

在醫療物聯網生態系統中，最大的變化來自醫院。傳統的診療醫生可能會變成一個數據專家，傳統的醫院則會變成一個數據中心，這對於醫療服務業來講是革命性的變革。醫院可以從共享的數據庫中獲取病人的大數據，用機器演算法進行處理，系統自動進行分析和評估，給醫生提供合理的建議。醫生不用再去研究那些繁複的病例，就能制訂出最合理的治療方案。

eMBB 作為 5G 的三大應用場景之一，超高速的網路體驗可以支持個性化的醫療應用程式且提供身臨其境的體驗，虛擬實境和線上視頻可以廣泛地運用於醫療健康之中。也就是說，病人身體出現異常，可以不用去醫院接受診斷，僅在家中就可以

實施遠端的虛擬護理。

這種服務可以打破醫生和病人之間的時間和空間障礙，醫生只需戴上虛擬實境頭盔或者眼鏡，就可以利用 3D 超高畫質視頻來對病人進行遠程診療，讓這些病人能夠及時得到護理。正如專家所言：「經由先進的監控技術，5G 無疑將提高醫生與病人保持聯繫的能力，無論是在救護車外還是患者家中。」因為 5G 的低延遲，醫生甚至可以在上千公里之外利用機器人對病人實施手術。

下面就是一個現實的例子。法國一家位於偏遠島嶼上的醫院，經由遠端超音波機器人就能為這個偏遠地區的病人提供遠端超音波診斷服務，並且即時連接大陸醫生和臨床醫師進行諮詢，從而降低了就醫成本。這種超音波機器人已經到了可以商業化的地步，它是「力反饋」功能和「觸覺互聯網」（Tactile Internet）應用的典型例子，力反饋功能可以讓遠程操作變得更精確，其信號要求十毫秒的端到端的延遲，而這在 5G 環境下是完全沒有問題的。

如果病人出現嚴重情況，5G 的新型無線電統一接口能夠確保這樣的關鍵傳輸優於其他傳輸，讓病人得到及時的治療。舉例來說，一個心臟病突發患者佩戴的 5G 醫療物聯網傳感器就可以將自己狀況的信號和生命體徵，在比別的傳輸訊息更優先的情況下傳輸給附近的醫院，從而確保自己能夠得到及時的治療。

醫療物聯網同時還能提供強大的安全解決方案，例如無縫安全共享醫療健康數據，可以確保病人的隱私數據不被曝光或

是存在其他安全風險。

　　另外，5G 還會減低分級診療等醫療的資源。具體來說，就是在一些偏遠的地方，因為有了 5G 網路覆蓋，上網會變得更為流暢，以前先進醫療設施輻射不到的鄉鎮醫院，通過 5G 與大城市的醫療機構連接，形成一張生命網，從而得到技術上的賦能與支持。

　　可以想像的是，無論是醫院治療還是家庭護理，5G 都會起到關鍵性的作用，由此建立起來的多維度健康模型，也將惠及大多數人。

建立起更健康的生活方式

　　如果將疾病的病因往前推一點，我們就可以發現，疾病的來源多是不良的生活方式。

　　有調查顯示，中國每十個人中就有一個是慢性病患者，僅糖尿病患者就高達近兩億人，而且以每年兩千萬人的速度遞增。此外，高血壓、心腦血管疾病、惡性腫瘤、慢性阻塞性肺病也屢見不鮮，甚至中國每年有兩千多萬人死於慢性病，其嚴重性由此可見一斑。

　　令人尷尬的是，這些慢性病有七成是人們自己造成的，罪魁禍首就是不良生活方式。統計表明，在影響健康的幾大要素中，生活方式佔到了百分之八十二（含社會與自然環境），遺傳佔百分之十，醫療佔百分之八，由此可見生活方式對於防治

慢性病的重要性。

　　人類迫切需要一種健康的生活方式，來引導我們達到「未病先治」的狀態。因為和別的消費品不同，健康是每個人的「剛需」，隨著生活質量的提升，人們對於健康的關注度也在不斷升級。

　　5G 時代的健康追蹤系統可以滿足人類的這種需求。

　　現在人類大量用到的健康追蹤工具還只是在一些應用層面，例如 Ginger.io。它是一個為病人提供早期疾病預警的工具，可以搜集人體的一些數據，然後自動檢測人體是不是生病了，如果是，它會發出警告，提醒人們人體可能會生哪種疾病。這款應用對於患有自閉症（autism）和老年癡呆症的人非常有用，因為這種疾病不易覺察，而且有的人患有該病也不一定會告訴家人，但這款應用能提醒你。

　　類似這樣的應用還有很多，不過暫時還只是進行非常初級的健康追蹤，並沒有做出更超前的追蹤，即對生活方式的追蹤。

　　5G 萬物互聯的特性，可以讓貼身設備隨時接入互聯網。雲端應用可以涵蓋生活方式的方方面面，例如適當的運動量、良好的飲食結構、適當的飲水量……當用戶的生活數據被即時傳送到雲端後，再由雲端為用戶提供建議。

　　在 3G 或 4G 時代，這是一個非常麻煩的過程，因為健康追蹤設備要把數據儲存在終端，隨後利用手機或是 Wi-Fi 把數據集中傳輸出去。由於使用比較麻煩，體驗感較差，普及推廣也就成為一大難題。5G 時代，隨身設備可隨時隨地接入訊息、低功

耗、直接與雲端相連，健康領域擁有更為廣闊的想像空間。

　　或許，在 5G 大規模商業化以後，水杯、廚具、腕表等設備都可以成為建立健康生活方式的一部份，隨時隨地為我們的生活方式提供指導，將疾病之因消除。

智慧家居

　　人們一直以來都夢想著讓家居更加方便好用、和藹可親，充滿人性化，實現「智慧家居」。事實上，目前的物聯網技術，已經能夠將家中的影音視頻、照明、空調、安全防護、冰箱等設備連接到一起，並提供各種控制功能。不過，很顯然，目前的技術仍處於初級階段，還未達到人類要求的極致。

　　智慧家居的概念已經提出二十年了，但是在很長一段時間內發展得並不成功，其中的核心原因是通信能力沒有被加入到智慧家居中。這些家居產品的智慧控制過於簡單，控制能力較差，還無法真正形成智慧化系統。在這種情況下，大部份智慧家居產品功能單一，體驗較差。隨著 5G 時代的到來，NB-IoT 和 eMTC 技術會被廣泛應用於智慧家居中，智慧家居將迎來巨大的機會。

環境感知成為現實

　　一九八四年，美國聯合科技公司（UTC）在對康乃狄克州哈特佛市（Hartford）的一棟舊式大樓進行改造時，首次採用電腦系統對大樓的照明、電梯、空調等設備進行了監測和控制，並對大樓提供諸如語音通信、電子郵件和情報資料等一系列資訊服務。

　　這是建築設備資訊化的首次應用。以前那種游離於資訊主體之外，僅靠人為手動或傳話控制的建築載體似乎一定程度地活了起來，變得不再那麼效率低下和死板僵化。

　　在建築界，這是智慧化的開端，這棟舊大樓也有幸被人們稱為世界首棟「智慧型建築」。雖然只是一棟舊樓，但代表著一個新趨勢的開始。

　　也就是從那時起，「智慧家居」概念被廣泛提及，人們將其定義為：「將家庭中各種與資訊相關的通信設備、家用電器和家庭保全裝置經由家庭總線系統（Home Bus System, HBS）連接到一個家庭智慧化系統上進行集中的或異地的監視、控制和家庭事務性管理，並保持這些家庭設施與住宅環境的和諧與協調。」

　　智慧家居顛覆了人們對家居的認知。在智慧家居之中，資訊互動無處不在，我們不需要人為地控制，建築本身就能為我們完成一切，人、物和環境都只是這個智慧網路中的一環。

　　智慧家居想要達到的是資訊的自動捕捉和調節，隨著 5G 時

代的到來，這一切正變得愈發簡單。在 3G 或 4G 時代，人們對智慧家居的控制主要依賴於手機遠端遙控，而 5G 時代，人們更加注重智慧設備的「自我感知」。也就是說，智慧家居將不再是被動地接受用戶的控制，而是主動地去「感知」環境，並做出相應的反應。

家居環境包含很多參數，例如室內的空氣濕度、溫度、品質以及光照強度、聲音強度等。這些都是現代人非常看重的，畢竟現在城市的空氣品質越來越不盡如人意，霧霾、沙塵暴的出現也讓人們迫切地需要一個能夠智慧調節的家居系統。而 5G 智慧家居能感知這些環境參數，並對這些參數進行分析，然後自動地聯動相關設備。與之前的智慧設備最大的區別，就是這些設備不需要人類去導引或遙控，一切都是主動進行的。

比如，中國 720 健康科技公司就是從環境感知切入，開發出世界上整合度最高的環境監測器，可以監測溫度、濕度、噪聲、甲醛、PM2.5、PM10、總揮發性有機化合物、二氧化碳等數據，通過 Wi-Fi、NB-IoT 等多種通信能力，把數據傳送到網路上，透過智慧雲平台進行分析，對家庭中的空氣淨化器、新風機、抽油煙機等設備進行控制，進而實現環境感知和對空氣品質的智慧管理。

華為公司的智慧家居平台，通過 HiLink 協議，把各種智慧家居產品連接起來，照明、清潔、節能、環境、保全、健康、廚電、影音、衛浴等各類設備都通過 HiLink 協議逐漸打通，實現互操作，形成一個智慧的服務體系。

隨著 5G 的到來，智慧家居將迎來爆發，這個領域的大量設備已經擁有智慧化的基礎，只是需要一個低功耗的通信能力加入，就能在很大程度上改變產業格局。

安全防護更可靠

智慧家居的基礎是物聯網，而物聯網的一大優勢，就是能將原先認為是「高大上」的企業級應用融入家庭住宅之中，比如安全防護系統，能最大限度地消除家庭安全中的各種隱憂。

傳統意義上，智慧家居的安全防護系統是一個集傳感技術、無線電控制技術、模糊控制（Fuzzy Control）技術等多種技術為一體的綜合應用。

3G 及 4G 時代，常見的家居安全防護系統多採用如下形式：用戶在家中安裝攝影機，並設定智慧控制程式。在這個智慧控制的基礎上，用戶可以隨時隨地透過手機或平板電腦監控家裡的情況。如遇突發情況，用戶發出相應指令，屋內的智慧終端接收指令後，迅速採取措施，控制狀況。另外，窗戶傳感器、智慧門鈴和煙霧傳感器等，都是家庭安全防護系統的一部份，這些系統本身內設一些極限值或帶有攝影機，遇有危險情況時發出警告，由人為手動或自動關閉相應終端。

這些安全防護系統一定程度上保證了家的安全，改善了人們的家居生活，但也存在一些問題。比如，如果敏感數據被盜，就可能導致個人隱私洩露，或者是智慧家居被非法入侵。知名

智慧家居廠商貝爾金（Belkin）公司的產品，就曾因為簽名漏洞使其旗下的幾款產品都遭遇了駭客入侵，兒童監視器最終演變成了駭客的竊聽器。另外，傳統網路本身安全防護的不足也使一些安全系統存在安全漏洞，原有的安全防護恰恰成了不安全的環節，這實際上是用戶最為擔心的問題。

　　但在 5G 時代，情況會完全改變。5G 的超高速傳輸極大地方便了資訊的檢測和管理，如此一來，智慧家居各部件之間的「感知」更精準和迅速，智慧化程度也會大大提高。

　　現在市面上各智慧家居製造商都專注於連接自己的產品，為了凸顯自身亮點，紛紛製造一些競爭者沒有的產品，行業並無標準。而 5G 透過制定國際標準，打破各廠商自訂標準的局面。如此一來，智慧家居整個系統就會更為穩定，更重要的是它本身就是一個封閉的系統，受到駭客攻擊的可能性將大大降低。

　　作為考驗智慧家居的重要標準之一，安全防護已經得到高度重視，相關廠家也在不遺餘力地開發更先進的產品。如今，澳洲的某些智慧家居，系統內就內置了數量眾多且靈敏度極強的傳感器，即使是居室外飛過一隻小蟲，系統都可以輕易地探測出來，並做出應對。

　　5G 全面商業化以後給智慧家居安全防護帶來的變化，我們可以從室內與室外兩個維度來說明。

　　在室內，用戶走到哪裡，智慧家居都能精準有效地感應，例如用戶離開以後，室內的燈光自動熄滅；家中的孩子爬到了窗戶或陽台上，系統能夠自動地關閉窗戶，防止孩子從高處墜落。

　　在室外，住戶離家或是熟睡時，安全防護系統就會自動開啟，如遇入侵者，系統會自動發出警告，阻止入侵者有下一步的行動，減少家庭的財物損失。

　　也就是說，5G 時代的智慧家居，系統可以輕鬆實現對所有安全問題的控制。安全防護系統對家中可能出現的狀況進行等級佈防，以高速的資訊傳輸為依託，利用準確的邏輯判斷，當狀況發生以後，系統會自動確認警告的訊息，出現狀況的位置和狀態，發出相應的指令，必要時強制佔線。此外，5G 商業化之後，監控設備的分辨率達到 8K，用戶能夠輕鬆獲取更高清的畫面、更豐富的視頻細節，視頻監控分析價值也會更高，這些無疑都是為安全防護加碼的必備措施。

　　上述這些功能不僅包括安全防護狀態，也包括設備本身的狀態，目的就是將所有可能出現的狀況消弭於無形，實現住宅的安全無憂。

智慧化融入日常生活

　　比爾・蓋茨（Bill Gates）曾在《未來之路》（The Road Ahead）一書中用了很大篇幅來介紹他正在華盛頓湖（Lake Washington）畔建造的一所豪宅。

　　這本書一九九五年出版，而兩年之後的一九九七年，這所豪宅就已正式竣工。從整體上看，豪宅佔地約六千六百平方公尺，臨山近水，有著濃郁的「西北太平洋岸別墅」風格。據說，

豪宅整體造價九千七百萬美元，絕非普通人敢想。

　　最主要的是這所豪宅稱得上是一所真正的「智慧豪宅」。按比爾・蓋茨自己的說法：「這是一所由矽和軟體建成的，並且不斷採納尖端技術的『房子』。」豪宅完全按照智慧家居的概念打造，不但有高速上網的專線，所有的門窗、燈具、電器都能透過電腦控制，而且有一個高性能的服務器作為系統的管理後台。

　　我們來看一看蓋茨在這個豪宅中所能享受到的便利之處。

　　因為屋內配備了先進的聲控和指紋技術，他進門並不需要啟用鑰匙，系統會根據他的聲音和指紋來識別。如果是炎熱的夏天，蓋茨想要一進門就享受到空調的涼爽，他可以事先拿起手機接通家中的中央電腦，利用數位按鍵來和中央電腦溝通，啟動遙控設備，開啟空調，甚至事先做一些簡單的烹飪，調節浴缸中水的溫度等等。

　　如果有訪客，在訪客進門時，就會領到一個內置晶片的胸針，胸針中有訪客的偏好資訊，屋內的所有設備都可以根據胸針中所包含的資訊來進行對接處理。訪客進入房間以後，房間的空調自動調至客人喜歡的溫度，屋內的揚聲器也會自動播放訪客喜歡的旋律，牆壁上則會投放客人最喜愛的畫作，處處給客人一種賓至如歸的感覺。

　　蓋茨的豪宅雖然大，但對細節的追求卻達到極致。整棟建築物的牆壁上看不到任何插座或開關，供電系統、傳輸光纖都藏於地下，作為主人需求和家中電腦的連接中介，實現蓋茨和

電腦的對話。家中的所有設備也都能夠聽得懂蓋茨的語言指令。也就是說，蓋茨豪宅的家居控制建立在一個典型的數位控制基礎之上。

蓋茨的豪宅算得上是「智慧家居」的一個經典之作，科技界大老總有超出常人的眼光和設計，家居也不例外。這棟一九九七年落成的豪宅仍在不斷改進之中。但不可否認的是，它前瞻性地實現了 5G 智慧家居的部份功能，那就是盡量讓生活的一切都變得智慧化。

如果說之前的這種智慧家居設想只可能建立在大老大把的錢財之上，那麼在 5G 時代，智慧家居卻可能成為很多普通家庭都可以擁有的現實。

隨著訊息時代的高速革命，以前的一些限制條件被快速打破。例如蓋茨豪宅中那長達四十八公里的光纖，現在能被一個 Wi-Fi 模組輕鬆替代。

對於需要不同設備進行互聯的智慧家居來說，5G 特有的低延遲、快緩衝、低功耗連接的特性，使得眾多家用設備接入系統之中成為了可能，而且它帶來的還是一個大範圍、全方位的配套進步，垂直細分領域和行動通信行業的合作也將變得越來越緊密，這對於智慧家居需要的「互聯互通」，意義重大。

可以確信的是，5G 時代智慧家居能夠上演的場景，就是上面提到的——生活的一切都變得智慧化。

我們可以大膽地設想：「早上，被子、床榻能以一種很自然的狀態將住戶喚醒；接下來開啟窗簾和調節燈光，在進入衛

生間時，自動調節好水溫甚至馬桶圈的溫度；在外出回家之前空調就已經打開；回家後熱水已經燒好，浴缸中的水調到了合適的溫度，飯菜已煮好，想要瀏覽的新聞和資訊已經自動推送到了手機上。」智慧家居就像是一個貼心的私人管家，無時無刻不在照顧著住戶的生活起居。

　　5G 到來後，NB-IoT 和 eMTC 技術將被廣泛採用，它為用戶提供的服務將遠遠超出比爾‧蓋茨二十年前對於智慧家居的想像，服務能力會更為強大，大量噱頭的東西會被淘汰，而安全、舒適、便捷、節能等四個方面會湧現大量的產品和服務，並被整合在幾個智慧家居的平台中。還有最為重要的一點，就是價格便宜，絕大部份普通用戶都可以使用，而不只是富豪的專享。

被取代的不僅是體力勞動

　　二〇一五年，《紐約時報》記者尼克‧比爾頓講述了自己不愉快的智慧家居體驗：

　　尼克購買了一款智慧恆溫器 Nest，某一天睡前他將恆溫器的溫度設置成二十一攝氏度，然後安然入睡。但不幸的是，智慧恆溫器因一個程式錯誤導致電池被耗盡，無法發揮作用，室內的溫度立馬降到了三攝氏度。尼克的妻兒在睡夢中被凍醒，按尼克的說法就是：「家裡變成了『冰窖』。」

這款智慧恆溫器沒有發揮應有的作用。假想一下，如果這款恆溫器有一個能夠替代人腦的「大腦」的話，也許就不會出現這樣的情況。說到底，這種恆溫器還算不上是一款真正的「智慧」產品。

現在的智慧家居，普遍的操作方式需要用戶手動控制，即利用手機、平板電腦顯示的訊息，進行人腦處理，然後將人腦處理的結果由人手傳輸到手機或電腦上，家居設備接收指令，再進行相應的調控。

實際上，利用手機、平板電腦來控制的智慧家居只能說是比較低級的智慧化。智慧家居真正要實現的絕不只是單品的智慧化，而是要實現不同產品間的智慧聯動，系統化操作。也就是說，智慧家居要有超越智慧之上的智慧，有一個真正能夠替代「人腦」的「大腦」。

這個控制中樞可以看作智慧家居的數據大腦，它和家中所有的設備互聯，接收傳感器感應到的人和物的所有訊息，然後代替人腦思考，進行自主判斷，並發出最為合適的指令，各設備接收指令後進行相關操作，使得各設備始終保持在用戶最需要的狀態。

智慧家居僅僅能實現遠端控制是不夠的，它必須要有感知的能力，而且能夠自主判斷，協調聯動，在正確的時間做正確的事，實現人、物和環境的有機協調。

帶上「腦子」的智慧家居才是一個 4S 的生態系統，即軟（Software）、硬（Smarthardware）、雲（Supercloud）、服務

（Service）四個方面，能夠覆蓋人們衣食住行的各個方面，提前做出預判。

我們現在能夠看到的是，智慧領域已經在三個主方向上有了重大進展，即機器學習、電腦視覺和自然語言處理，而這三個方向在 5G 時代都可以應用在智慧家居領域，在家居中實現萬物互聯、中樞控制的場景，人跟家居設備的互動也會更快更準確。

智慧家居能夠取代的，已不僅僅是體力勞動，而是不需要人們採取任何操作，就能根據生活習慣和實際需要給人更加靈活有效的照顧，讓生活變得更加方便美好。

電子商務與電子支付

4G 時代，電子商務和電子支付已經在人們的日常生活中扮演著重要角色。到了 5G 時代，隨著更先進的科技不斷出現，一切又將變得不一樣，甚至一些應用的智慧化程度，可能讓我們難以想像。

扁平的銷售體系

近年來，隨著大數據、人工智慧等新概念和新技術不斷出現，商業行銷的方式日趨多樣化。傳統的市場行銷模式起源於二十世紀六○年代的美國，著名行銷學大師傑羅姆・麥卡錫

（Jerome Macarthy）提出 4P 理論，即產品（product）、價格（price）、通路（place）、促銷（promotion）。該理論多年來一直是產品行銷所遵循的法則，這其中涉及多層次分銷的情況：製造商生產出產品以後賣給批發商，批發商再分發給零售商，最後才是消費者。在電子商務出現之前，這種行銷模式在市場上一度居於壟斷地位，雖然商品琳瑯滿目，但這種多層分銷體系的各個環節其實是割裂的：消費者對產品的認知途徑與購買途徑截然不同，購物效率並不高；而從生產商的角度來說，產品經研發、測試，準備上市時，需要先通過第三方途徑（比如電視廣告、燈箱廣告、海報宣傳）讓大眾知道該產品，再提供一套銷售體系。生產商的銷售方式一般是佈點，進入各大超市、百貨商場。這種銷售方法至今仍在使用，但該方法存在一個明顯的弊端：由於缺乏大數據反饋，生產商其實並不太清楚自己的用戶群，所以只好不斷佈點，力求覆蓋更多的區域，但並不總是能覆蓋到。

　　肯德基就是一個典型。早期的肯德基速食進駐中國以後，發展勢頭一度十分強勁，在電影《海闊天空》（*American Dreams in China*，又譯《中國合夥人》）中的出鏡足以證明其在中國的受歡迎程度。但後來，由於選址缺乏詳細調查研究，只考慮地段，忽略了地價，以及營運成本攀升和產品定價等問題，導致肯德基不得不關閉多家門店。二〇〇五年，肯德基被曝出「蘇丹紅事件」，驚動全中國。該企業總部百勝餐飲集團（Yum! Brands）積極採取危機公關，並藉由廣告、媒體宣傳，成立檢測

中心等措施來平息事件的不利影響，然而，「蘇丹紅」至今仍是中國老百姓心中揮之不去的陰影。「蘇丹紅」事件，除了肯德基對食品原料監管不力外，很大程度上是供應商的問題，提供含有蘇丹紅成份的調料供貨商混入了肯德基的供應鏈。在傳統銷售模式中，層級割裂的弊端暴露無遺，引發食品安全恐慌。而肯德基的應對策略也只能是單一的媒體宣傳，不斷播放電視以及其他形式的廣告，耗費了大量的人力、物力、財力和時間。

事實上，由於傳統銷售模式的層級割裂問題，遭殃的不只是肯德基。

二〇一四年，福喜食品安全事件再次震驚中國。作為肯德基和麥當勞的肉類供應商，上海福喜食品有限公司被曝使用劣質過期肉，透過一系列黑箱操作，使劣質食材流入肯德基、麥當勞、必勝客、德克士等九家企業。該事件對中國食品安全的影響十分惡劣，各大餐飲龍頭也因此面臨嚴重的信任危機。

傳統銷售體系的多層次分銷，沒有大數據的支持，就像一個渾圓的柱體，裡面有層層割裂的隔板，讓許多環節處於半透明或者不透明狀態，單是依靠商業上的道德誠信約束，隱憂比比皆是。

類似的問題也反映在傳統的零售行業中，雖然沒有出現十分嚴重的安全問題，但主要體現在貨物擺放上。

作為傳統零售商的巨頭，沃爾瑪（Walmart）連鎖超市的貨品擺放十分講究：按照貨品的不同類別集中擺放在固定的位置，在賣場入口會擺放當季的暢銷商品、打折商品、時下最流行的

商品。但是，賣場入口的貨物擺放需要依靠長期的經驗累積才能做出比較精確的判斷，不僅要瞭解消費者的消費習慣，還要考慮天氣、季節、時段等因素。此外，判斷商品與商品之間的關聯性對於傳統的零售行業來說並不是一件容易的事。沃爾瑪根據經驗，每當季節性颶風來臨之前，將美式早餐與手電筒這樣的急需物品擺放在一起，銷量可觀，但這是長時間摸索的結果，生活在大數據時代的人們很難想像，沃爾瑪從佔領美國市場到它後來摸索出來的這套貨品擺放方法，歷時多年。在這個摸索的過程中，沃爾瑪其實少了一大筆銷售額，如果能早些採取這種擺放方法，這筆錢將提前進賬。沃爾瑪的做法其實也是對數據的一種應用，不過是傳統意義上的。

進入 4G 時代，電子商務蓬勃發展，電商行業中的領頭羊採取了另一套銷售方法，其中電商店亞馬遜（Amazon）成為沃爾瑪的主要競爭對手。與沃爾瑪的單向行銷不同，亞馬遜有三分之一的營業額來自向顧客主動推銷，其成功秘訣就是對大數據的利用：完整記錄下消費者的每一筆交易數據，根據分析，只需幾個小時就能發現最佳的搭配推薦，並且所有這些數據都進行了完整的存放，這比起傳統銷售數據的零散分佈有著很大優勢。亞馬遜不僅能做到商品之間的關聯推銷，還能根據顧客的購買紀錄和送貨情況推斷出顧客的收入水準、家庭人口數量，進而有針對性地為顧客推薦產品。依靠智慧物聯和大數據的有效應用，二〇一五年七月，亞馬遜的市值超過了沃爾瑪。

不難發現，電子商務的蓬勃發展使物流網路迅速建立和擴

張，用戶在虛擬的網路空間就能看到產品並購買。經由網路和物流，現代的銷售模式打破了傳統的割裂局面，顧客從對商品的認知到最終獲得商品的這條路徑被電商打通，銷售體系開始走向扁平化。

　　5G 時代到來之前，電商的發展依然存在瓶頸：由於基地台的佈點還無法實現全面覆蓋，線下滲透相對有限，電商還不能做到各個地方的佈點，物流配送還暫且無法全面覆蓋，尤其是在偏遠、交通不便的區域。

　　5G 時代，基地台和行動通信的發展將迎來大爆發，網路佈點將呈高密度之勢，覆蓋更加偏僻的地方，物流網路也將突破目前向下滲透所遇到的困境，配送方式也會變得多樣化。到智慧交通發達之時，無人機有望脫穎而出，為偏遠地區進行物流派送，實現配送的全面覆蓋。商品的銷售通路將突破時間、距離的各種限制，迎來可見即可得、無須層層分銷的局面。這樣的銷售模式也不再是傳統的中心化管控，新的銷售體系將實現扁平化。

　　扁平化的銷售模式在本質上並沒有顛覆商務活動，但卻突破了傳統銷售的方式。

所有的產品都是銷售通路

　　所謂「銷售通路」，就是商品從生產出來到最終被消費者買下這個過程中所經歷的各個環節，這些環節連起來就是整個

產品的銷售通路。

　　傳統的銷售通路包括許多環節。生產商製造出商品以後，一般來說，需要經過批發商、零售商、代理商、交易市場等環節，最終才到達消費者手裡。在這個漫長又繁瑣的過程中，各環節必然都要獲取利潤。雖然商品最終能夠到達顧客手中，但耗時較長、效率低下、價格攀升。在傳統銷售通路中，產品是產品，銷售通路是通路，二者是不同的概念。

　　銷售環節長、價格暴利的商品市面上比比皆是。舉一個絕大多數人都會算的例子。一袋六十五公克的薯片，市場價六元人民幣，以市面上一斤土豆兩元計算，六元錢可以買下三斤土豆，即使算上加工的成本，亦可見其贏利程度。當然，零食的利潤空間與化妝品相比，真是小巫見大巫。進口化妝品的通路除了要經過基本的生產商、零售商、運輸商等，還要通過海關、進口稅等繁瑣的環節，最後到顧客手上時，價格不知翻了多少倍。

　　再以咖啡館為例。一杯咖啡的成本只需二至三元人民幣，但到了顧客手中卻高達三十至四十元人民幣，其中產生的各種服務費名目繁多：店面租金、水電費、店員薪水、咖啡豆和其他原材料的各種烘焙成本、運輸成本等。對營運商來說，耗費了許多不必要的人力成本和實體店面營運成本；對消費者來說，自己付出了更多的錢。同樣的情況也發生在培訓市場：一節一對一的英語課程收費高達每小時六百元人民幣，其實學生支付的不僅僅是課時費，還包括所報課程機構的廣告宣傳費、教材研發費、人工費（老師課時費、學管和銷售的佣金）、場地費等。

產品在到達顧客手中之前所產生的一系列費用，最終都由消費
者買單。而對營運商來說，由於存在各個繁瑣的環節，很難降
低定價，否則就會虧損。

　　價格居高不下是傳統通路所帶來的一系列問題之一。對於
產品商而言，效率也不高，傳統的銷售通路在媒體宣傳這一環
節就耗費大量成本。即使是服務行業，產品的銷售通路同樣對
營運商和顧客造成一定的困擾。

　　不過，隨著電商興起，傳統銷售模式受到很大的衝擊，其
中各個網店和微商起的作用較大。不可否認，傳統的行銷通路
依然十分重要，因為電商所承載的網路交易背後，依然有產品
的研發、運輸、人力和銷售。當下，電商與傳統銷售通路經由
有機結合，能夠大大降低成本，提高效率，進而降低產品價格。
還是以咖啡為例。如果營運商以網店的形式售賣咖啡，省去了
店租、店員成本，傳統通路部份環節的成本依然存在，但只要
有原材料和外送合作商家，就可以完成銷售，定價也可適當降
低。但這種方式也有局限，因為原材料的採購必須達到一定的
規模才會批量降低成本。

　　電商的行銷模式，除了降低成本以外，也大大提高了消費
者的交易效率，消費者只需在網路上就能完成瀏覽、下單、支
付等操作，能省下很多時間。不僅如此，在網購平台上出現的
智慧推送，也可以拓展產品的售賣通路，打通物物銷售的通道。
如果顧客想要買一條裙子，搜到心儀的產品後，會看到個性化
的智慧推送：裙子的其他服飾搭配。如果消費者有意購買全套

穿搭，即使其他穿搭來自不同的品牌或者店面，也完全不必再去逛其他品牌的店面，只需一鍵下單便可購買下整套衣物。

例如，在亞馬遜購物網站上，我們可以看到 Kindle 電子閱讀器的推銷。點進產品頁面以後，就可以看到下方的配套產品：不同的 Kindle 電子閱讀器型號，閱讀器保護膜、保護套等。點擊其中任意一項，又會看到更多的延伸產品：手機殼、保護套、手機、筆記型電腦等。對於家中有寵物貓的用戶來說，你可能想購買一袋貓糧，進入到貓糧產品頁面以後，你還會看到貓砂、貓砂盆、貓窩、貓爬架、貓抓板等配套產品。而所有這些延伸產品，很多都是不同的品牌、不同的供貨商，但這些都無須通過傳統的銷售模式讓消費者瞭解，更無須親自跑遍所有實體店，只需一鍵下單。

所以，在物聯網時代的銷售體系下，產品不再是孤立的，所有產品都與其他類似產品產生聯繫，產品本身就是銷售通路。

照此發展下去，5G 時代的電子商務，甚至會出現另一種情況：供應端也不再中心化。我們所需要的產品，不一定全都依靠大型生產商製造，許多個人就可以利用自己的特長來進行個性化產品訂製，比如翻譯、寫作甚至打遊戲通關，這些都可以成為服務型產品，為客戶量身訂製。最終我們的需求會越來越個性化，而供應端會越來越去中心化，所有的產品都是銷售通路，因為產品本身已經攜帶生產和流轉訊息，用戶可以直接訂製化下單。除此之外，以後供應商的推銷平台甚至也會發生轉移：由購物網站轉化成消費者個人。

所有消費者都是推銷員

　　傳統的行銷主要以市場調查研究為基礎，要麼是銷售員與客戶面對面接洽，要麼是以媒體廣告等形式進行推廣，用高質量的產品和服務來形成較為穩定的合作。也有許多一次性銷售的服務，比如打車、餐飲等。到了電商時代，客戶主要經由電商平台接受產品訊息，比如前面提到的配套產品和延伸產品的推薦頁面。電商的出現引發了一場購物方式的革命，網購已經走進千家萬戶。然而，電商行業還依然存在很多有待完善的問題。

　　在電商行業蓬勃發展的當下，消費者透過電商平台瀏覽商品並下單。我們在網頁上看到的產品圖片和視頻是與真實情況割裂開的資料，而真實的商品在庫房或賣家那裡，因此，用戶在網上看到商品，其實並不是真正看到了它。這相當於賣家秀和買家秀一樣，虛擬和現實產生了割裂，所以才會屢屢爆出賣家秀和買家秀之間差異巨大的新聞。從衣飾到外賣食物，從電影書籍到服務型體驗，電商平台上的商品可謂無所不有。雖然在發達的互聯網時代，訊息互通和共享讓我們可以看到各個買家對商品的評論，但由於「水軍」的存在，我們對商品依然難分真假。

　　無論是商家主動推銷還是平台智慧推送，都存在一定問題。小到賣家秀和買家秀的差異，大到假貨滿天飛，擾亂社會經濟秩序。近年來，大陸中央電視台陸續曝光各大電商平台售賣假冒偽劣產品，多家藥品網站遭到曝光，主要電商平台幾乎無一

倖免。此外，還有各種海淘網被曝光偽造快遞單，生產假冒商品，電商平台的監管和市場管理迫在眉睫。現實生活中，消費者辨識商品的真假大多都依靠使用經驗，買到假貨後投訴大多無果。

虛擬與現實結合的電商，有時會給消費者帶來損失，給各大電商平台帶來隱憂，也讓賣正品的個體網店商家受到牽連。由於虛擬的商品與現實的商品不符，假貨橫行，加上沒有系統完善的管理和監控，引起公眾對網購的不信任。部份銷售正品的商家，在顧客不信任和假貨的雙重衝擊下，也只好關門歇業。目前，電商依然火爆，但要想讓網購市場進入良性發展的軌道，依然有很長的一段路要走。

一九九七年，美國電影《小鬼當家》（*Home Alone*，又譯《寶貝智多星》）系列推出第三部，票房大賣。與前兩部不同的是，第三部加入許多觀眾從未見過的特技和高科技，敵人也從之前的搞笑二人組變為四人國際大盜，其中有一幕是這樣的：當盜匪發現晶片調包的主人乘坐出租車離開以後，眼看攔截無望，其中一人便抬起手、握拳、關節微微一動，隱藏在手套裡的照相機便拍下高清晰車牌號，令觀眾歎為觀止。在互聯網還沒有普及的年代，這種大膽的創作確實讓人腦洞大開。其中，直接對著看得見的事物進行電子掃描的場景，以後完全可以成為電商行業的革新方向。

5G 時代，將有高速度、泛在網、行動互聯、萬物相連的智慧互聯網。在這樣的大環境下，對於網路監管和支付交易平台

必將提出更高的要求，在智慧互聯網的條件下，智慧感應有望進入到成熟的發展階段。有了高速發展的智慧感應和物聯網的支撐，虛擬與現實將不再是割裂的，而是融為一體，讓消費者獲得全新的體驗：網上的商品能夠直接對應到現實中使用的人。任何人攜帶的產品，我們都可以用智慧終端直接掃描識別到該產品的品牌、型號、供貨商。到了這樣的發展階段，人與物相連，所有的消費者就都是推銷員，而消費者身上的產品就是銷售通路。我們無須再單向從電商平台和傳統模式那裡接受推銷，消費者之間訊息完全互通，彼此就是推銷者。

當智慧識別廣泛應用於現實物品，電商無處不在時，電子支付也將邁入新的發展階段。

電子支付滲透到任意一個角落

當電子商務逐步在市場上佔有一席之地時，電子支付也隨之興起。

早期的電子支付，只局限於銀行之間，透過電腦處理銀行的業務，然後逐步發展到銀行與其他單位經由電腦處理資金結算。4G 時代的電子支付已經突破了銀行的限制，基於互聯網與支付系統的整合，利用行動終端就可以即時支付和轉賬。在這個階段，電商交易支付平台應運而生。支付類型也從早期的網上個人電腦端支付，變成涵蓋電話、行動終端、銷售點終端、自動櫃員機交易等多樣、快捷和高效的支付方式。

　　最初的網上支付，須提供銀行卡卡號、密碼或安全碼，甚至使用特殊的支付工具（比如網路銀行的 USB 實體憑證）。雖然不用再專門去銀行轉賬，但由於當時互聯網尚不發達，網路支付頻頻出現一些狀況，例如斷網、信號不佳、支付失敗等等。這樣的狀況如果不是出現在緊急情況下，大眾通常會包容。然而，如果支付的款項十分緊急就容易誤事。例如：在中國日語等級考試報名歷年來都十分火爆，由於報考名額限制，每次在報名通道開放之前，眾多考生都是守在電腦旁，時間一到，立刻搶進報名系統，填寫報名表之後，需網上支付報名費。此時，很多考生如遇到突發情況，比如斷網、信號不佳、支付填寫出錯等，導致在限定的時間內繳費失敗，就不得不等待下一次考試。同樣的情況也曾發生在雅思（IELTS）考試報名中。雖然雅思考試比日語考試有更多的場次和考位選擇，但對於需要在限定時間前拿到成績的學生而言，依然要搶考位，而雅思考試也要求網上支付，如果在支付的節骨眼上遇到類似的突發狀況，很可能考生會錯失這一次的考位，導致錄取推遲，白白耽誤一學期的時間。

　　到了 4G 時代，憑藉強大的電信基地台、智慧終端和第三方支付平台，中國的電子支付（歐洲等地區依然流行現金支付）變得十分有效率。正是憑藉支付平台的便捷，老百姓出門無須攜帶現金和各種卡（儲蓄卡、信用卡、智慧卡等），只需一部智慧手機便可解決支付問題，吃喝玩樂完全不在話下。

　　面對新的形勢，一些機構在電商剛興起時就嗅到了商機，

出手快、準、狠，得以迅速搶佔市場份額。

其中的佼佼者，當屬支付寶。

二〇〇三年十月，支付寶作為第三方交易平台正式服務於淘寶。定位為「簡單、安全、快捷」的支付寶，為買家提供了一個中介平台：買家先把錢存進支付寶賬戶，待收到貨品確認以後，支付寶才會把相應貨款匯給賣家。這種「第三擔保交易模式」讓廣大淘寶消費者感到安全，支付寶也藉由淘寶逐步積累了自己的客戶源。

早期的支付寶沒有太大的雄心，它的開發團隊只希望該平台根植於淘寶，成為買家的電子錢包，作為一個交易樞紐建立起電商平台、買家和賣家之間的信任基礎。可是一年以後，提倡「擁抱變化」的阿里巴巴管理層意識到，支付寶完全可以承擔更多的角色，開始與所有電商平台達成合作。二〇〇四年年底，支付寶分拆，支付寶網站上線，走上了向獨立支付平台發展的康莊大道。

二〇〇五年一月，以馬雲在達沃斯經濟論壇（Davos Forum）上發表講話為開端，中國電子商務進入到電子支付時代。憑藉著淘寶積累的初始客戶群體，以及互聯網電子商務勃興的大環境，支付寶以網游、機票、B2C（Business to Consumer）的外部市場為切入點，積極拓展用戶，三年時間用戶數量突破一億。二〇〇八年十月，支付寶進軍公共繳費市場，拿下老百姓日常的水、電、氣繳費業務，並且與亞馬遜和京東這樣的綜合電商巨頭、中國三大線上旅行網站（攜程、芒果網、

藝龍）達成合作。此時，支付寶在不到一年的時間裡，用戶數量翻了一倍。之後，支付寶迎來大發展：開發新功能例如餘額寶、好友代付等；推出促銷活動讓利於用戶（用支付寶購買產品，立刻減去一定的金額），迅速搶佔市場；不斷擴大合作面，積極與全球各大行業進行支付合作，服務地區逐步擴大到歐洲、中東、東南亞、北美；涉及的領域小到鄉村小賣部，大到海外高等院校留學繳費，連美國名校麻省理工學院（MIT）、康奈爾大學（Cornell University），英國利茲大學（University of Leeds）、曼徹斯特大學（UoM）等三百多所高等院校都與支付寶達成合作。

4G 時代，行動支付已經表現出強大的威力，給眾多用戶帶來前所未有的支付體驗。在強大的行動網路支持下，智慧終端具備行動支付的功能，免去了用戶出門攜帶現金和卡包的苦惱。當下的掃碼支付為電子支付帶來了一次重大革新，將網路虛擬平台和銀行賬戶打通。只要有行動網路的地方，就有電子支付的存在。在即將來臨的 5G 時代，基地台佈建更加密集，範圍急速擴大，行動支付將滲透到每一個角落。有了無處不在的網路，平台訊息將實現最大化傳播，在行動終端上甚至通過對產品的檢索，我們就能找到對應的生產商，完全打破生產和消費的限制。

5G 時代，在智慧物聯網的覆蓋下，智慧學習所引發的新一輪革命勢必會讓電子支付的功能變得更為強大，而當前人們依靠掃描二維碼的技術也必將禁受新一輪的技術衝擊。

感應將成為下一代支付技術

　　感應技術早已投入了一些產品的應用，很多年前，人們已經可以看到商場的自動感應門、自動感應水龍頭，後來又有了感應垃圾桶、感應家居等。到了 4G 時代，智慧終端席捲而來，與手機連接的智慧感應產品也走進人們的視野，比如智慧手環、體重秤等。這些產品與傳統的自動感應門、自動感應水龍頭最大的不同就是萬物相連：自動感應門和自動感應水龍頭的使用，不會存在數據的概念，也不會讓大眾將這些產品與自己關聯起來；而智慧手環和體重秤則不同，每一次的運動數據、消耗熱量，各個時間段的運動時長都有詳細的紀錄，透過與手機藍牙連接儲存在手機裡，讓用戶可以隨時看到自己的健康數據，從而將這些產品與自身行為產生關聯，因而有了關注度。

　　感應技術的最直觀體驗，就是體感遊戲。

　　當電子遊戲歷經了把手、鍵盤這種二維虛擬平面空間以後，到了強大的互聯網營運平台下，體感遊戲順勢崛起，讓人眼前一亮。二〇〇六年，日本任天堂公司發佈新一代遊戲主機 Wii，首次將玩家的身體感應引入電視遊戲主機，集鍵盤、把手與身體動作於一身，讓玩家們驚喜不已：除了傳統的鍵盤、把手，還可以直接用自己的身體來操控遊戲中的人物，玩家身臨其境之感極強。二〇一一年，微軟和索尼分別推出自己的體感遊戲產品，為了讓玩家有更好的體驗，遊戲多以競技、體育運動、健身為主，並且在互聯網的支持下，加入其他玩家進行互動，

頓時吸引了大家的目光。但是，體感遊戲的不可行動性、較高的價格、產生的額外費用（後期網路平台費、遊戲軟體購買費）、中文化不完善等缺陷，使此類遊戲在中國普及度並不高。隨後，掌上遊戲機和智慧手機陸續出現，配備附加體感設備，實現了體感遊戲從固定到行動的變革，並且由於行動性，讓玩家可以充份利用碎片時間。智慧手機的藍牙和 Wi-Fi，讓設備有了進步的可能，也讓電影《一級玩家》的場景有了實現的希望。

二〇一七年十二月十五日，美國電影《星際大戰：最後的絕地武士》（*Star Wars: The Last Jedi*）在美國熱映，該系列衍生產品也層出不窮。同年十二月二十日，聯想集團在中國正式推出 Mirage AR 智慧頭盔套裝，該套裝包括光劍控制器、擴增實境（Augmented Reality, AR）頭盔顯示設備和追蹤信標。除了套裝以外，玩家自己準備一部智慧手機就可戴上頭盔顯示設備進入到遊戲世界。整個遊戲中，智慧感應技術佔主導，可謂是《一級玩家》的低配版。雖然該產品目前反響不盡如人意，但我們看到了智慧感應技術的一大進步。在未來 5G 時代，感應技術將日趨成熟，代替許多產品最初的使用方法，甚至顛覆我們以後的電子支付方式。

二〇一七年三月，支付寶再次推出新技術，其中一項就是感應支付，該功能目前已經運用於北京公車系統儲值。雖然大城市的交通發達，但公車卡儲值須到自動儲值機或人工窗口去辦理，常常出現排隊和擁擠的情況。支付寶的感應儲值功能，讓人們無須再排隊，只要將儲值卡貼在手機背面，就可以使用

支付寶儲值。手機自帶的感應功能一旦感應到儲值卡，便自動識別卡上的訊息，並在手機螢幕上彈出儲值頁面。用戶點擊一鍵儲值以後，金額立刻轉賬到儲值卡上，非常便捷。

感應技術帶來的萬物相連，在行動儲值領域已經拉開序幕，未來人物相連的支付場景也不再是幻想。

在電影《霹靂嬌娃》（*Charlie's Angels*）中，三位偵探為了順利潛入紅星公司密室，複製了該公司兩位高管的眼角膜和指紋。兩位偵探分別佩戴複製的指紋和眼角膜，同步進入識別系統，系統顯示眼角膜識別錯誤。佩戴眼角膜的偵探臨危不亂，此時鏡頭特寫，這位偵探冷靜仔細地調整眼睛裡的角膜位置，最後識別成功。

指紋識別在二〇〇〇年才開始用於個人身份鑑定，普通大眾並未體驗過這項技術，而眼角膜識別直到現在也不常見。一旦感應技術成為 5G 時代的支付技術，那麼我們的身體部位完全有可能成為支付感應的載體，比如眼睛。

當下的行動支付技術，是藉由手機掃描二維碼來實現的。通過掃描二維碼，技術端上對二維碼進行識別、分析，對應相應的產品，然後用戶完成支付。而電子支付的本質只和用戶的消費意願有關。到了 5G 時代，智慧學習技術成熟，智慧識別能力增強以後，識別產品的能力也會越發精確，甚至透過智慧學習進行建立模型。我們的眼睛有望與虛擬相連，無須再透過行動終端，只需一眨眼，就能完成支付，這樣的酷炫場景很有可能在未來更加發達的網路中出現。但如何讓智慧感應經由人體

部位識別出用戶的支付意願？如何在沒有終端密碼上鎖的情況下保證感應支付的安全？這些是未來需要解決的關鍵問題。

二維碼退出支付舞台

目前，二維碼掃描是電子行動支付的主要方式，這種方式之所以能大行其道，主要得益於行動通信的急速發展。早在二十世紀九〇年代，二維碼支付就已經在日、韓等國家普及。由於中國行動通信技術的發展一直以來都晚於已開發國家，所以直到線上到線下（Online to Offline, O2O）行銷模式在中國全面推動，加上智慧終端的普及，二維碼才在中國站穩了腳跟。

二維碼是將商戶的商品價格、賬號等訊息彙編成一個黑白相間的圖形記錄數據符號，透過智慧終端的掃描識別完成支付的一種方式。這種支付技術十分成熟、儲存量大、操作方便快捷、成本較低，很快受到大眾青睞。但該支付技術也不可避免地引發了安全問題。

根據《二〇一二年上半年全球手機安全報告》，二維碼成為眾多手機病毒傳播和釣魚網站獲利的新管道。用戶在使用二維碼掃描時，有時會看到手機刷出鏈接地址，並且該地址捆綁了軟體下載，這些軟體經常攜帶病毒，稍不留意便進入用戶手機。更有甚者將病毒偽裝成收費的木馬程式，利用二維碼的管道進行傳播。用戶一旦下載，該木馬程式便進入用戶手機竊走大量話費。正因如此，安全一直是網路管理的頭號問題。

　　除了藉由二維碼管道傳播惡意詐騙病毒以外，一些不法份子還利用消費者的貪念設計更加縝密的騙局：通過微信群發贈送某商品的活動，請用戶發朋友圈集讚，集讚滿了一定的數量以後，又讓用戶給出集讚截圖並支付郵資，用戶支付了郵費以後，不法份子又要求給出付款碼截圖，一旦用戶給了這個截圖，該用戶綁定了微信電子賬戶裡的錢就會被洗劫一空。騙子利用很多用戶還不太明白付款碼功用（付款碼不僅用於商家直接掃描，還相當於銀行卡號和密碼）的漏洞，利用用戶的付款碼截圖大肆消費，加上掃描付款碼無須再次輸入支付密碼（千元人民幣以內）的弊端，讓用戶遭受損失。

　　5G 時代的行動支付將大量運用感應技術，在安全體系重構的環境下，對支付環境安全提出了更高的要求。目前存在的安全漏洞必須在 5G 時代得到修復，感應支付技術也會不斷完善。當我們可以利用身體部位進行感應支付時，二維碼和付款碼作為支付中介，或將逐漸退出電子支付的歷史舞台。

工業與物流業變革

　　每一次的變革都是一場思維革命和技術革新。迄今為止，人類社會經歷了三次工業革命，其中第一次工業革命的影響最為深遠。

　　蒸汽機的出現是第一次工業革命的標誌。在資產階級確

立統治地位的政治環境下，英國資本主義迅速發展，通過海外貿易、殖民統治，不斷擴大生產，吸收先進的生產技術。一七六五年，哈格里夫斯（James Hargreaves）發明珍妮紡紗機（Spinning Jenny），英國開始利用機器生產；一七八五年，瓦特（James Watt）將蒸汽機進行改良，大力推動機器生產，英國正式進入到「蒸汽時代」；到了一八四〇年，英國大機器生產基本取代傳統的手工，率先完成工業革命。十八世紀末，法國和美國相繼開始工業革命。十九世紀中期，世界其他地區也先後走上了工業革命的道路。

工業革命的洗禮，讓人們的思維方式從傳統的手工思維向機械思維轉變，進而帶來了更多的發明和變革：十九世紀初，英國人史蒂文生（George Stephenson）發明了火車；一八四三年，英國發明家查爾斯‧瑟伯（Charles Thurber）創造出轉輪打字機。機械思維讓各行各業都迎來了產業革新，成為人們解決問題的思維模式：瑞士的鐘錶匠製造出精緻的機械表；德國人利用機械製造出可編寫程式的計算機 Z1，甚至還有能夠演奏音樂的雅典錶。

第一次工業革命主要為紡織業、煤礦、冶金、機械製造工業帶來了變革，也讓一些曾經名不見經傳的小鎮急速擴張，一躍成為工業大城市，比如英國的曼徹斯特和伯明翰（Birmingham）。走在技術變革前端的英國從中受益，成為世界的領頭羊，保持著「日不落」的神話。

第一次工業革命打開了技術革命之門，緊接著第二次工業

革命隨之出現，人類社會從蒸汽時代進入到電氣時代。內燃機和電力的使用成為第二次工業革命的主導力量，帶動了交通運輸的發展：汽車、飛機和輪船製造強勢興起。

二十世紀五〇年代開始的第三次工業革命，「計算」和資訊科技成為了主導。電子計算機技術、奈米技術、航空航太技術、核技術和基因技術等尖端科技，引領著大國之間的綜合國力競爭。二〇一七年一月六日上映的美國電影《關鍵少數》（*Hidden Figures*，又譯《NASA 無名英雌》），講述了美蘇爭霸期間在航空航太領域的角逐，影片中出現了大量的計算、數據核實的場景，將「計算」在大國之間競爭中的重要作用展現得淋漓盡致。電子和資訊科技的發展，讓美國「矽谷」、中國中關村頻繁出現在公眾視野中。

當前的人類社會，正處於第三次工業革命的末端，而即將來臨的 5G 時代或將開啟第四次工業革命或技術革命的浪潮。與前兩次技術革命不同，為了順應時代發展，從第三次工業革命開始，交叉學科就相繼出現，讓工業與科技有機結合，給人類帶來一場全新技術革命的盛宴。在未來的 5G 時代，工業和物流將在全新技術革命的洗禮中迎來顛覆式的發展。

二〇一〇年七月，德國政府發佈《德國 2020 高技術戰略》，首次正式提出「工業 4.0」概念。德國聯邦教育局及研究部、聯邦經濟技術部聯合資助，預計投入兩億歐元，全力支持工業和製造業的智慧化進程。二〇一四年，中國國務院總理李克強訪問德國，雙方發表《中德合作行動綱要：共塑創新》，正式宣

告中德開展「工業 4.0」合作。

「工業 4.0」，就是第四次工業革命，革命的主導力量就是智慧，在歷經了蒸汽時代、電氣時代、電腦資訊時代以後，人類社會將在第四次工業革命中走向智慧時代。智慧時代的三大主題就是智慧工廠、智慧生產和智慧物流。

無人工廠成為基本生產模式

一九九五年，德國庫卡機器人公司（KUKA AG）成立，之後進入快速發展的軌道，成為世界工業機器人製造行業的翹楚，產品銷往北美、南美、亞洲、歐洲。庫卡機器人主要用於工業和製造業各個領域的工廠生產，承載物流運輸，代替了大量人工勞動和人機生產的模式。在如今發達的互聯網環境下，庫卡機器人在多家企業工廠實現了機器與機器的互聯，大大提高了生產效率。

面對機器人時代的來臨，加上智慧時代大數據等各種最新科技層出不窮，混戰不已的中國家電行業開始把眼光轉向未來，海爾、美的、格力三大家電企業都在積極謀求智慧化家電的轉型。

二〇一七年一月，中國美的集團收購庫卡機器人公司百分之九十四·五五的股權。在此之前，美的已經在廣州建立了全智慧生產線，其空調產品的工廠生產已經引入了機器人標準化作業：所有的工件都有自己的條碼，在物聯網下，透過條碼識別，機器人可以接收到相應識別訊息，從而完成對應零件和機型的

裝配，還能通過訊息綁定，進行數據分析，及時發現問題和紕漏，管理效率大大提高。探索的路總是充滿坎坷，引入機器人生產是美的集團的大膽舉措，因為公司需要花費大量的資金來投入營運，傳統家電向智慧化轉型也需要耗費大量成本。縱觀整個家電行業，美的集團率先開始大力實施機器人工廠。未來5G 時代，在萬物互聯的趨勢下，按照目前的發展勢頭，美的集團很有可能衝出三大家電企業各自為王的局面，在家電市場獨領風騷。

　　據《科技日報》二〇一四年四月十日報導，聯合國歐洲經濟委員會（UNECE）和國際機器人聯合會（IFR）統計顯示，從二十世紀下半葉開始，世界機器人產業一直保持著穩步增長的趨勢，世界工業機器人市場前景很好：一九六〇至二〇〇六年，全球已累計安裝工業機器人一百七十五萬餘台；二〇〇五年以來，全球每年新安裝工業機器人達十萬套以上；二〇〇八年以後，全球工業機器人的裝機量已超過百萬台，約為一百零三萬五千七百台，且這一數據還在增長。

　　國際機器人聯合會預測，到二〇二〇年，全球工業機器人保有量將從二〇一六年底的一百二十八萬八千台增長到三百零五萬三千台。工業機器人的投入使用，讓無人工廠生產的場景不斷出現，在智慧互聯網的高效營運下，生產效率將達到前所未有的高度。

　　在中國，富士康公司也大力主張無人工廠生產模式。

　　二〇一六年十一月十七日，在第三屆世界互聯網大會上，

富士康總裁郭台銘作了題為〈智能製造引領數字經濟的發展〉的報告，該報告指出，目前在物聯網大數據的支持下，富士康已經有幾座工廠可以關燈生產。

未來智慧互聯網全面爆發以後，無人工廠將不再是少數企業的試驗工廠，而是大多數製造商的常態生產模式。用於工業和製造業生產的機器人，將越來越走向精細化操作，體積也將變小，不僅生產效率急速提升，產品質量也將大大提高。到了那個時候，人機操作的模式也漸漸不再有必要，勞工會完全被機器人取代。

訂製化生產大行其道

在電商發達、生產智慧化的數據時代，消費者正在經歷並接受一系列新的變化，對於諸多新奇的商業模式，人們從早期的驚喜到後來的習以為常，消費者的品味不斷升級，消費需求也開始多樣化。過去，製造商批量生產商品投入市場，對消費者進行單項的產品輸出，如果這些產品中並沒有客戶期望的顏色、款式，那麼會出現兩種情況：一是消費者湊合買了一件稍微符合自己期望的產品；二是消費者放棄購買。這樣的情況屢見不鮮，對生產商和用戶來說，都有一種十分無奈的感覺。如果用戶把該產品買回家，但由於產品不是自己十分中意的款式，用不了多久便棄之不用。此外，一旦出現大量產品無人購買的情況，只能變成庫存，造成資源浪費，對生產廠商來說，無疑

是一大筆損失。

　　到了 4G 時代，電商平台的普及，網店的全面開展，時尚潮流的個性標籤，為大眾帶來了多樣化的消費選擇。隨著經濟飛速發展，年輕一代倡導個性張揚，他們迫切需要彰顯自己個性的產品，因此消費者的需求也越來越個性化。電子商務的出現可以滿足這樣的個性化需求，賣家透過與買家的溝通，瞭解到買家對產品的需求，就可以進行定制化生產，而且這樣的生產完全無需大規模量產。

　　除了直接與店家溝通，在購買產品時，線上操作的頁面上也會出現多種搭配的目錄供客戶選擇。比如，如果我們在外賣軟體上購買一杯咖啡，就會看到除了有各個調味品種的選擇，還可以選擇糖和奶的比例，以滿足不同消費者的口味；如果沒有選項設置，用戶也可以在店家設置的備註欄裡註明自己的口味需求。這種個性化的產品定制模式也因此讓外賣市場迎來大爆發。

　　在大數據和物聯網的支持下，部份商品正逐步從大規模生產模式開始向個性化定制模式轉型，生產商利用互聯網為用戶開設定制化平台，利用大數據對客戶需求、原材料的成本和數量、庫存管理、現金流掌控進行分類、統計，根據數據進行銷售戰略佈建，根據不同客戶的個性需求進行定制生產方案。許多一線品牌也加入了定制化生產的大軍，包括耐克（Nike）、愛迪達（Adidas）推出的個性化私人定制運動鞋；Burberry 聯合夢工廠動畫（Dreamworks Animation）公司，藉由可視化技術，

推出定制圍巾；京東公司聯合中國眾多定制知名品牌，推出衣飾穿戴的定制服務。

二〇一六年，美國輕奢品牌凱特‧絲蓓（Kate Spade）收購訂製品牌 Bag Bar。從二〇一七年開始，凱特‧絲蓓強勢推出 Bag Bar 定制平台，為客戶量身訂做個性手袋。Bag Bar 在業界向來以定制化生產而知名，可以根據客戶喜好替換封面和配件，滿足客戶的個性化需求。而凱特‧絲蓓收購 Bag Bar 之後，將致力於自己品牌旗下的手袋業務，利用 Bag Bar 定制系統迎合客戶不同的個性化需求。客戶在定制產品時，不僅有各種製作原材料的選擇，還可以選擇手袋的邊緣、墊圈、裝飾等等，不同的選擇配以不同的價位，讓用戶無須親自動手就能擁有自己創作的手袋。

5G 時代，小規模的定制化生產模式不僅將逐步取代傳統大規模量產，而且在物流技術上也將面臨新的產業變革。未來，在智慧物聯網的強大支持下，大數據將得到充份利用，所有的商品都配有感應器，物流配送將實現透明化。買家無須再查詢是否發貨，訂單什麼時候到達下一個站點，而是可以直接即時追蹤自己的商品到了哪個具體位置，正在以什麼樣的速度向哪個方向移動。之前被曝光的偽造國際快遞單和報關稅單這種情況，在以後物流公開透明的機制下，將被杜絕。此外，大數據的加入，也讓未來的工業、製造業和物流配送的管理機制不再有安全方面的漏洞。

每一個環節都被管理

　　二〇一八年，在德國漢諾威工業博覽會（Hannover Messe）上，來自世界各地的參展商、媒體和各界人士看到了訊息和自動化技術實現人機合作、機器與機器互通的高科技場景。德國作為東道主和率先提出「工業 4.0」概念的國家，為全世界展現了其強大的研發實力，數位化智慧生產、聯網能源系統、智慧化物流解決方案作為展會焦點，讓人們看到未來工業、製造業、物流融入訊息產業的大趨勢。

　　作為製造業大國，中國主要出口紡織產品、服飾、鞋類、機電產品等，「中國製造」長期以來一直是中國打入世界市場的主要方式。然而，一個殘酷的現實是，迄今，大多數「中國製造」都是低附加值產品，如果是與外商合資，也是由外商掌控核心技術和銷售通路，中國的生產線所賺取的利潤十分微薄，中方還要支付昂貴的專利費。隨著經濟的快速發展和電商的發達，傳統的製造業面臨產能過剩、附加值低、稅負過重、高端人才缺乏、營運成本高等重重困難。在管理上，傳統的產業鏈需要經過原料採購、生產、品檢、推向市場這樣一個流程。這樣的產業鏈不僅週期長，而且在上下游、供應端、倉儲、調度等各個環節都非常冗雜，並且由於環節割裂，訊息傳遞效率低，一旦出現問題，就有可能導致不必要的損失。

　　當電商平台聯合私人定制這樣的全新模式興起以後，過去以產品為導向的單向輸出的低端製造開始暴露出弊端，一些小

企業的營運將越來越困難。

二〇一七年，一篇題為〈製造業已然死路，兼探討神州未來崛起之路〉的文章轟動網路，該文作者以自己叔叔的製造廠為例，描述了中國的低端製造在數據時代走向潰敗的慘狀。文中提到的製造廠主要業務是加工耳機，與台灣客戶建立了長期合作，但由於後期人力成本增加，盈利空間急速縮小，工廠老闆也謀求轉型，將設備進行了自動化升級，但卻達不到客戶要求。無奈之下，老闆只好再次採用勞動密集型的傳統管理模式，在推出產品的時候尋找代理商，然而識人不善，代理商頻繁拖欠貨款或者攜款而逃，加上市場競爭殘酷，大量產品積壓。最後，台灣客戶放棄合作，把重心轉移到人力成本更低的越南，這家工廠被迫宣告歇業。

這個故事著實令人感慨不已，工廠老闆為了維持工廠運作，尋求各種辦法，本著為企業負責，也為員工負責的態度努力經營，結果卻不盡如人意。如果製造商能夠轉變經營思維，將目光放得更遠，在管理上突破傳統機械思維模式，充份利用大數據技術，結局很可能大不相同。

傳統工業製造生產的管理長期受到機械思維模式的影響，缺乏靈活性和可變性，導致生產管理十分「剛化」，而「工業4.0」的概念，主打「彈性」生產。「彈性」將是未來工業加工和製造業生產的核心競爭力。與傳統的螺絲釘式的生產流水線不同，「彈性」製造致力於加工製造的靈活性、可調節性和可變動性，以生產效率最大化為最終目的，進行資源的優化配置，

將最大限度降低成本、提高利潤落實到各個環節。出於傳統生產的轉型需要，各個國家現在對這方面的人才尤其是專業管理人才的需求十分迫切。因此，許多頂尖高等院校也陸續設置相應的新興交叉學科，比如「工業工程」，大力培養這方面的人才。相關專業在各大高等院校，尤其是美國頂尖院校已經成為大熱門專業，對學生的數理統計、機率論、線性代數、大數據分析能力要求十分苛刻，並且還要求學生掌握商務管理知識。這樣的人才一旦走出校園，致力於工業、製造業加工管理工作，就能與智慧時代的大數據思維管理模式接軌，成為 5G 時代傳統產業轉型的中堅力量。

　　「工業 4.0」是順應未來智慧物聯網時代的產物，是人類社會發展的必然趨勢。在大數據和物聯網的強大支撐下，感應將成為下一代技術主導。工業加工、製造業生產的整個產業鏈會越來越精細化。產業鏈上下游、供應鏈並存於一個資訊系統之內，各環節實現扁平化運作，任何訊息都會被其他環節的相關工作人員知曉，所有的管理環節都會實現透明化。不僅如此，在大數據的儲存紀錄中，優秀的管理人員會運用最好的數據建立模型，進行最佳數據核算來實現利潤最大化，全方位無死角地高效管理每一個角落，將營運每一個環節的成本都降到最低，真正貫徹生產的彈性化。

　　在二〇一八年德國漢諾威工業博覽會上，西門子公司展出了多樂士（Dulux）數位化塗料廠，利用數位技術實現虛擬實境的工業化生產裝置；博世（Bosch）公司展出了人工智慧機器人

完成多種複雜作業的智慧工廠運作模式；SAP 公司展出了自動化倉儲管理系統。在德國，「工業 4.0」的觀念已經深入到本土各個企業，許多工廠都採用了聯網機器。智慧製造的管理模式每年為德國帶來超過一百億歐元的經濟增長。

第四次工業革命的浪潮已經興起，中國採取積極主動的態度，與德國加強合作，大力發展人工智慧。也將對未來「中國製造」的標籤進行重新定義，並展示出勇於創新的能力，期在智慧物聯網時代打破長期以來根深柢固的機械思維，創新數據化彈性管理模式，實現資源優化配置。

資源配置效率更高

「工業 4.0」的目標，是實現定制化智慧生產，讓每一個消費者都能按照自己的意志支配商品的生產，甚至無須親自操作，經由智慧家居的萬物互聯就能自動幫用戶接單，完成定制化生產。比如，家中的智慧冰箱能夠感應到裡面食材的減少，根據數據庫中記錄下的購買訊息，精確判斷出用戶的飲食習慣和口味，自動向電商平台和產品商發送訂購訊息，店家自動接單以後，會及時發貨送到家裡。

5G 時代，我們想要實現上述場景，工業加工、製造業生產、物流配送等環節就必須優化資源，才能實現高效率的資源配置。

中國的製造業在當下面臨各種困局，轉型之路似乎異常艱難，在未來智慧物聯網的大數據時代，摒棄傳統的機械思維，

積極轉換成大數據思維，以新的思維方式重新整合資源配置，是中國製造業可行的出路之一。

二〇一三年下半年，蘇州市吳江區首次嘗試在全區所有工業企業建立大數據系統，試圖透過大數據分析，精準掌握全區工業的營運情況，分析企業效益，制定資源配置政策。為了解決企業識別的唯一性問題，吳江區政府大力推動，對稅務部門專用的識別碼、工商部門專用的企業註冊號、供電公司專用的識別碼，進行篩選、規整，以組織機構代碼作為各個企業的唯一代碼，並與其他部門代碼匹配，實現各個單位部門的數據整合。經過幾年努力，吳江區納入大數據系統的企業達到一萬六千多家。通過分析和評價整個工業企業的詳細數據，相關部門在進行資源優化、發展新興產業、淘汰低端產能時，有了堅實的科學依據，大大提高了產業改革推進的效率。這套大數據系統名為「工業企業資源集約利用訊息系統」，經由該套系統，吳江全區工業企業的營運情況、用地、用能、產出和排放量等數據都一目瞭然。不僅如此，該系統還能按照各個區域、產業分類、企業分類進行數據專題分析。目前，吳江區政府正繼續努力，爭取更大的政策支持，積極落實差別化土地使用稅、工業供地、用電、水價、排汙量各方面的政策，以及相關試點政策。

在中國，除了地方政府的試行，一些傳統製造業也在積極利用大數據思維進行資源的重新整合。二〇一六年，瀋陽機床廠進入世界五百強，作為中國機械製造業的代表，瀋陽機床廠積極謀求轉型，全球首創研發了 i5M8 系列平台型智慧機床。與傳統的

剛性製造模式不同，這套智慧機床本身有著極高的彈性，由電腦控制，是一個集工業（industry）、訊息（information）、互聯網（internet）、智慧（inelligence）、整合（integration）於一體的智慧系統。該套智慧機床以互聯網為平台，可以進行智慧校正、智慧診斷、智慧管理，並且擁有智慧學習的強大功能，在加工產品時，也能夠通過互聯網傳送即時數據，兼顧儲存和分析大數據的雲平台角色。藉由這樣一套系統，智慧機床還能幫助管理者進行資源配置，快速解決成本核算和遠端操控的問題，為生產任務調配、產品定制化生產、機床租賃等一系列環節提供高效配置。i5M8 系列打破了傳統製造的營運模式，經由智慧程式，自動生成加工工藝，並遠程傳輸到機床平台，讓機械設計工作者在家裡就能輕鬆快速地獲得這些複雜的機械零件。受益於這套系統的不僅是生產商，管理者透過 i5M8 智慧系統，與智慧物流打通，用戶可以看到整個產品的生產進度：從設計師圖紙到最後的成品，實現個性化定制和「我想即我得」的場景。

5G 時代的「工業 4.0」，將迎來管理無死角、生產和物流各個節點嚴格把控的新局面，在這樣的運作模式下，實現資源配置的高效率。

農業革命

　　農業關係到人類的生存，是國家經濟的根基，雖然繁榮發達的大城市吸引了越來越多的農村人口進入，但人總歸要吃飯，還得有人種糧食，種植水果蔬菜，所以農業發展對於一個國家的重要性不言而喻。傳統的農業發展主要依賴於自然條件，利用人力、農業工具進行手工勞作。農作物的生長、產量和品質靠世世代代的農民積累下來的經驗來把控。早期的農業以自給自足為目標。靠天吃飯和人工分散勞作，長期以來是農業的主要特徵。傳統的農業生產水準低下，產量十分有限，生產方式傳統，受自然環境影響大。雖然這種生產模式可以讓供求基本處於平衡狀態，然而，不可控因素多是傳統農業面臨的最大問題，一旦出現天災，影響收成，百姓即遭受飢寒交迫之苦。

　　傳統農業生產和運作依靠以往的經驗，農作物的產出依賴於個人努力和自然條件。當人類社會不斷進步，技術革命不斷出現，傳統農業也從過去的自給自足、手工勞作的原始模式逐步向現代農業進化，不斷吸收和利用新的機械和技術。在大數據時代，農業專家通過整合濕度、土壤質量、空氣指標、天氣預測等相關歷史數據，對農作物與其他相關因素的數據加以分析，找到種植農產品的最佳配比，從而大幅度提高農產品的產量和質量。

　　「科技興農」在未來的 5G 時代將不再是口號，當大數據與農業相結合，現代農業將再次升級。

地球可以養活更多的人

　　在農業技術不斷進步的同時，我們也要看到一個現實問題：隨著世界人口的逐年增加，土地資源日益減少，一味開發原有資源和填海造陸並不是可持續發展的良策。此外，全球各地依然有許多荒蕪貧瘠之地無法使用，依然有農業比較落後的地區。

　　就中國而言，隨著城市化進程的加速，農業用地資源不斷減少，耕地後備資源不僅數量很少，而且大多分佈零散，並且由於自然條件欠佳，可利用度低。而現有的農業用地也存在許多不合理利用的情況，耕地拋荒現象嚴重。此外，當下中國農村的土地質量明顯下降，可持續利用率也不高。要想實現新型農業模式，對於土地資源的利用就必須藉助最新科技，與大數據結合，提高利用效率，讓有限的農用土地資源養活更多的人。

　　二十世紀八〇年代初，美國率先提出精準農業的概念，用數據來管理農場運作，研發和配備可以承載數據的農業機具。由於當時的硬體條件還不夠成熟，智慧網路尚未建成，精準農業的設想暫時擱淺。十年以後，美國陸續出現了專門的農業數據公司，生產智慧農業配套設備。這些設備具有智慧學習的功能，可以根據天氣變化進行即時分析，讓農場作業做出相應的調整。

　　在大片農田中，每一塊土地的水份指數、營養成份、農作物生長情況都可能有所不同。傳統的農場管理主要依靠人力，一定面積內分派一定數量的農民進行播種和施肥等工作，而且他們不會區分農田裡的土地差異，會把同樣的品種以等間距的方式播種。這種方式往往導致一定比例的農作物生長不佳，極大地浪費了土地資源。精準農業顛覆了對土地資源的傳統利用方式，專業的自動播種機帶有土壤分析功能，根據科學的分析數據，在土壤肥沃的土地上密集播種，在肥力低的土地上進行稀植。除了分析土壤，智慧設備還會進行種子分析，找出種子與土壤的最佳配比，更換種子品種。大面積播種都使用這種帶有強大智慧的自動播種機，只需一人管理就可高效完成，並且由於精準播種，每公頃土地都能增加產量。

　　智慧播種機大大提高了農場作業質量，單粒播比率提高到百分之九十九，整個工作流程都可以即時監控。有了數據的即時紀錄，農場管理者可以根據數據來判斷機器的運作情況，一旦數據發生異常，可以隨時停機改正，有效地防止不必要的損失。除了智慧播種機，其他農業設備也運用在整個農業活動中。透過準確的數據分析，精準把控所有原料的配比，最大限度地節約成本，充份利用每一寸土地，這在過去是無法想像的。

　　居住在美國伊利諾州的一個農場上的農場主羅德尼・西林，與父親一起經營了一塊約為七千九百畝的田地。農場只有這父子二人，沒有僱用任何工人，即使在最忙碌的時節，西林也只需要農場上那一套智慧農業機械設備和一台平板電腦就可以輕

鬆地完成整個農場的所有工作。西林的這些設備都配有衛星導航系統和自動駕駛功能，他可以在駕駛室裡做任何自己喜歡的事情，而機器會按照設定好的路線工作，並且整個工作的進度隨時都有紀錄，西林可以遠端監控。他不是唯一一個這樣管理農場的人，在美國，像西林這樣的農場主越來越多。

如果每一寸土地都可以按照精準農業的理念進行開發，那麼未來的 5G 時代，農業將和工業一樣，與資訊科技產業有機結合，實現大數據運作。這樣的智慧農場將創造更大的產量，節約更多的成本，真正實現以有限的土地資源養活更多人的目標。

靠天收成變為可控制

傳統農業的主要特徵就是靠天吃飯，受自然條件影響較大。隨著人類社會的發展、農業技術的進步以及農業人口的減少，科技興農已經成為農業發展的主要方向，農業從傳統向現代化轉型是必然趨勢。

彈丸之國以色列是科技興農的成功典範，它所創造的奇蹟尤為引人注目。

以色列國土面積一萬四千九百平方公里，其中有三分之二的土地為沙漠和山地，年均降水量只有兩百公釐左右，人均水資源還不到世界平均水準的百分之三。這樣的自然環境，對於農業發展來說實在是太過糟糕。然而，就是這樣一個土地資源極其貧瘠、水資源嚴重缺乏的國家，通過走科技興農的道路，

竟然成為全球聞名的農業強國。

縱觀以色列的農業神話，大致經過三個發展階段：

二十世紀五〇年代初，以色列政府開始大力發展農業。當時，國家處於戰爭中，經濟壓力巨大，農業成為以色列恢復經濟的救命稻草。政府支持在全國墾荒，建立定居點，旨在實現糧食的自給自足。一九五二年，以色列政府積極引種棉花，以解決國民的穿衣問題，並出口到國外。一年以後，以色列開始開發沙漠，實施「北水南調」工程。

從一九五二年開始，以色列政府耗時十一年，投資一億五千萬美元，建成了「北水南調」輸水管道，但傳統的農業灌溉技術很難適應推進沙漠改造工作，計劃進展十分緩慢。一九六二年，一位農民無意中發現水管漏水處的農作物長得特別好，原來水在同一個位置滲入土壤，不僅可以有效減少蒸發，還可以很好地控制肥料和農藥。這一發現得到政府的大力支持，兩年以後，著名的耐特菲姆（Netafirm）滴灌公司成立。從六〇年代開始，滴灌技術迅速推動了以色列的農業革命，農產品迅猛增產，沙漠改造進程大大加快，耕種面積不斷擴大，沙漠城市綠樹成蔭，舊貌換新顏。此後，以色列繼續研發新的滴灌技術，改進滴灌設備，從根本上改變了傳統農業模式。滴灌技術比漫灌節約三分之一到二分之一的水，單位面積土地增產三分之一以上，水資源利用率高達百分之九十。如今的以色列，廣泛採用滴灌系統，以科技為本，實行電腦自動化操作，並把這種技術出口到世界其他國家，大大緩解了水資源危機。

　　從八〇年代開始，以色列積極走農業產業化道路，實施農業產業結構轉型戰略，同時大力開闢國際市場，建立起一套集農業科技和工廠化管理為一體的現代農業管理體系。農產品的品種也在最初單一糧食的基礎上，不斷擴展到高質量的肉類、花卉、蔬菜水果等，並出口海外。科技興農成為以色列的國策，國家鼓勵農民學習新的技術，大力扶持農業研究。現在以色列擁有三千五百多個高科技公司、七個研究所，兩百五十多位博士、研究員從事七百五十多個科學研究計劃，政府每年撥上億美元經費用於農業科學研究。如今，善於創新的以色列，不但改變了農業靠天吃飯的局面，讓靠天收變為可控制，而且每年吸引全球大量的農業技術專家前去學習參觀。

　　5G 時代的智慧農業，將萬物互聯和大數據應用於現代化的農業當中，有望在更大程度上擺脫自然條件的制約。屆時，人們可以透過大數據對荒地和土地資源貧瘠的地區進行系統分析，有效將這些資源進行科學利用，利用對氣候條件的精準分析，定制出針對某一塊土地的開發利用計劃，從而實現農業增產。

農業生產工廠化

　　如今，充份利用大數據，大規模種植農作物成為一種趨勢。在科技的助力下，土地可以實現效益最大化，以後的農業將採用工廠化運作。實際上，目前以色列的農業產業化已經具備生產工廠化的雛形。

　　美國的農業十分發達，是農業強國，該國對農業數據的開放時間較早，也比較注重搜集農業數據。可以想像，一旦進入 5G 時代，美國勢必將致力於利用大數據對天氣、土壤、種子、化肥、作物藥劑等進行系統化處理，建立統一模型，並將這套系統提供給農民和供應商，實現資訊互通、流程扁平化、農產品產量和利潤最大化。此外，農業機械製造商也會成為整個新的農業產業鏈的一部份。隨著 5G 時代的萬物互聯成熟營運，氣象站、貿易商、技術商以及相關合作夥伴也會加入到整個農業發展的價值鏈，互通訊息，實現智慧工廠化精準農業。

　　當然，不僅美國會運用這樣全新的農業運作模式，其他各個國家都會積極利用大數據探索智慧農業產業鏈的發展方向。只不過得益於異常發達的高科技，美國的智慧農業走得比其他國家更早一點：相關農業數據公司紛紛成立，包括精密播種公司的硬體和軟體、氣候集團的氣象數據分析產品、智慧農場公司的 SaaS（Software as a Service）預測數據系統、FarmLogs 公司開發的歷史氣象數據定位等。而成立於一九〇一年的孟山都（Monsanto）公司，對未來數據與農業結合的前景十分看好，已經收購多家數據分析機構，力圖在農業領域繼續保持優勢。

　　隨著智慧農業設備的出現、數據農業分析產業的興起，現代化手段讓未來的農業能像工業一樣運作，輕鬆實現規模化經營。而當農產品的生產和加工都得到即時監控後，農產品、糧食和食品的安全體系也會被重新建構。

糧食安全問題得到徹底解決

因為關係到民眾的身體健康，食品安全一直是世界各國最為關心的問題。尤其在中國，近年來三聚氰胺奶粉等重大食品安全事件被曝光後，引發民眾恐慌，涉事企業也遭遇滅頂之災。未來的 5G 時代，在智慧農業、智慧物聯和智慧物流等大數據流的監控下，糧食安全問題將得到徹底解決。

世界衛生組織（WHO）已經提出採用大數據方法來支持食品安全決策，並建立 FOSCOLLAB 食品安全平台，對不同學科、不同企業包括農業、食品和公共衛生指數的數據進行整合。未來，在大數據運作成熟時期，有關部門可以經由線上資料庫、互聯網、行動智慧終端和社交媒體等手段進行食品安全的數據搜集。在行動通信進入到 5G 網路以後，智慧手機將有望具備食品感應監測功能，並將生產紀錄同步到電腦和官方食品數據中心，從而將食品安全置於全民監督之下，形成良性監管。

大數據應用於糧食安全體系，除了數據採集和儲存，還能利用可視化工具提供圖片和進行位置關聯，甚至在初期進行環境因素訊息分析時，就能預測出病原體和汙染源，將不安全因素提前排除。不僅如此，透過大數據的檢測功能，還能應對突發性食品安全事件。二〇一一年，德國發生了「出血性大腸桿菌」事件，這些細菌的存在訊息在不同地區被及時搜集到，專業的檢測人員利用這些數據，通過檢測每個家庭來篩選二級感染，迅速提供預防措施，最終阻止了事件的惡化。

在智慧物聯網時代，萬物互聯，食品安全與數據產生關聯，糧食安全體系將變得更加完善。人們很有可能在購買某個食品和食材時，就可以透過手機感應在螢幕上看到該產品非常詳細的安全監測數據庫，不但方便快捷，數據還會是即時更新的。

Chapter 4

後 5G 時代的人類社會

5G 加速萬物互聯網落地

人類社會已經經歷了六次訊息革命。

第一次訊息革命：語言的發明，讓訊息可以分享，幫助猿進化成為人類。

第二次訊息革命：文字的發明，讓訊息可以記錄，是人類文明出現的標誌。

第三次訊息革命：紙和印刷術的發明，讓訊息可以較低成本進行遠距離傳輸。

第四次訊息革命：無線電的發明，讓訊息可以進行遠距離即時傳輸，是近代歷史上影響政治、軍事、文化的重要標誌。

第五次訊息革命：電視的發明，讓訊息可以進行遠距離即時多媒體傳輸，從此訊息帶上溫度、富有感情。電視是近百年來影響人類社會的重要訊息平台，它的發明是人類文化、娛樂業發展的一個重要里程碑。

第六次訊息革命：互聯網的發明，讓訊息可以進行遠距離即時多媒體雙向交互傳輸，開啟了人類訊息傳輸的偉大革命。互聯網的出現，使媒體、娛樂、社會管理都受到巨大挑戰，也在很大程度上影響了全球政治、經濟、文化、娛樂等方方面面，重構了人類社會。

今天，傳統互聯網已經接近完成歷史使命，它的基本精神已經無法涵蓋互聯網的未來，它的網路結構、技術能力也無法

適應一個有更高需求的未來。

互聯網最初的基本理念是讓資訊高速度、無障礙、自由地傳輸，互聯網上承載的基本訊息就是文字訊息。自由、開放、共享成為傳統互聯網的精神核心。在互聯網誕生之初，有一條被廣為傳播甚至奉為基本信條的名言：「在網路上，沒人知道你是條狗。」那時，上網還不需要實名，驚世駭俗的言論不受管理，這是互聯網的基本價值取向。

在技術上，傳統互聯網採用 TCP/IP 通信協定，基於互聯網通訊協定第四版（IPv4）的體系，在訊息傳輸上構建了一個有利於訊息傳輸的簡單網路，擁有強大的擴展性。但是這個網路體系一開始就缺乏管理層和安全層，很容易受到攻擊，安全保障很差，其安全性甚至可以用千瘡百孔來形容。各種訊息洩露，安全攻擊，釣魚、木馬程式軟體隨處可見，網路詐騙層出不窮。這樣的網路如果擔負需要安全保障的任務，顯然無力勝任。而作為主要承擔訊息傳輸的網路，要承擔更多服務的難度也比較大。

未來第七次訊息革命是什麼？這個問題如今已經擺在人類的面前。

人類歷史上的前六次訊息革命就是一點點解決我們訊息傳輸的各種問題，讓訊息分享、記錄、遠距離傳輸，以及遠距離即時傳輸、遠距離即時多媒體傳輸、遠距離即時多媒體雙向交互傳輸成為現實。到了互聯網時代，人類基本上已經解決了傳輸的所有問題。

第七次訊息革命，人類要從傳輸時代走向感應時代。下一

次訊息革命人類還需要什麼？很顯然，是在很好地解決訊息傳輸的情況下，延展人類的器官，讓感應幫助我們瞭解更多的未知世界，同時把這些數據進行搜集、整理、加工，成為大數據，並且不斷透過智慧學習，最後形成服務。這樣的龐大體系遠不是傳統互聯網可以承載的，也不僅是傳統互聯網的延伸和發展，它應該是在傳統互聯網基礎上的一次革命，或是一次全新的重建，這個重建包括多個能力的重建。

第七次訊息革命是智慧互聯網，它是行動互聯、智慧感應、大數據、智慧學習共同組成的新能力，不僅解決了傳輸問題，同時具備感應功能，而大數據與智慧學習又能對數據進行搜集、處理、整合，並在此基礎上提供智慧化的服務。

在這個體系中，5G 是第七次訊息革命的基礎，也是第七次訊息革命完成構建的根本保證。

可能有人會問：1G 到 4G 也提供了行動通信的能力，4G 的網路速度已經達到 100Mbps，為什麼還需要 5G？

應該說，5G 提供了完全不同於前幾代產品的行動通信能力：第一代行動通信只能進行語音的通信；第二代行動通信擁有數據通信的能力，但是速度很低；第三代行動通信才讓我們從語音時代真正走向數據時代；第四代行動通信通過速度的提升，讓行動通信達到了一個新高度，在這個基礎上，行動支付、電子商務、共享單車、共享汽車的服務很快發展起來，大大提高了社會效率，提升了用戶服務體驗。

但 4G 網路顯然不能適應智慧互聯網的發展，除了網路速度

較高之外，它還有很多問題無法解決。

對於 5G，3GPP 組織定義了三大場景，在這三大場景的基礎上，我們看到人類對於未來行動通信有著更高的訴求。

5G 具有六大特點：高速度、泛在網、低功耗、低延遲、萬物互聯、重構安全。這六大特點表明，5G 不僅讓網路具有更高的速度，遠遠超過 4G，更為重要的是，能夠覆蓋社會生活的每個角落，可以隨時隨地提供服務。泛在網是服務得到保證、服務品質提升的基礎，也是新業務得以發展的強有力支撐。當前，世界主要大國中，行動支付發展最好的國家是中國，泛在網在其中起了重要的作用。如今的中國，不僅是城市，也包括偏遠的農村，任何地方只要有網路，隨時可以進行支付，這就讓行動電子支付有了高速發展的可能。一個有趣的現象是，像美國這樣經濟和技術發達的國家，創新能力較強，但行動電子支付發展不起來，一個重要的原因就是網路覆蓋率不夠高，用戶一次用行動端付不了錢，下次就會用信用卡了。

低功耗更是 4G 無法實現的。大量的物聯網應用，如果沒有低功耗就無法佈建。很多的業務和應用，不可能像手機一樣，隨時帶著電池，每天進行充電。要實現物聯網互聯，就必須要有低成本的模組和低功耗的網路。5G 的一個基本訴求就是支持大規模的物聯網應用，所以除了高速度，還有 eMTC 可以支持中速率的接入，NB-IoT 可以支持低速率的接入，從而實現低功耗。雖然 NB-IoT 的佈建可以建立在 2G 網路上，但這個標準的提出，是在 5G 訴求之下提出的，也是隨著 5G 的到來開始進行

網路建設的。

　　低延遲同樣是 5G 之前的網路無法實現的。在無人駕駛、工業控制這些對精度有極高要求的場景下，4G 時代二十至八十毫秒的延遲顯然無法滿足需要，把延遲時間降低到十毫秒甚至一毫秒，就需要對網路進行大規模改造，同時把邊緣運算等眾多的技術引進到 5G 的網路建設中來。低延遲可以讓網路控制的精度大大提升，才能做無人機編隊這樣的工作，5G 的應用場景也將大大增加。

　　今天的行動通信網路，能夠支持的終端數是非常有限的，一個基地台可以連接的手機不超過五百部，在一個小社區內可以接入的終端同樣很有限。而物聯網則要求除手機之外，大量的社會公共管理和日常生活產品都可以聯網，包括汽車、充電站、停車位、電線桿、路燈、監視器、紅綠燈、門鎖、空氣淨化器、空調、抽油煙機、暖氣閥門、電燈、冰箱、洗衣機、電鍋、插座、眼鏡、皮帶、皮鞋、手環、手錶等社會公共服務、智慧家居產品和個人生活用品都可以聯網，願景是每一平方公里有一百萬個設備終端聯網，這就需要空口可以支持大量的設備，形成萬物互聯的能力。

　　5G 還有一個重要特點，就是對互聯網安全機制的重建。傳統互聯網的安全機制非常薄弱，5G 不是一個資訊傳輸平台，它要滲透到社會生活的每個領域，包括公共管理、智慧交通、智慧家居、智慧健康管理、工業互聯網、智慧物流、智慧農業等，大量的數據涉及國家安全、公共安全、個人隱私。如果這個網

路和傳統互聯網一樣，很容易被攻破，就會造成大量資訊洩露，甚至被駭客管理控制，因此，沒有安全保障的網路寧可不建，因為危害和影響實在太大。要讓智慧互聯網安全運行，必須重新建立安全機制，甚至可以考慮在傳統互聯網之外，重新建構一個安全級優先的網路。

　　具有六大特點的 5G，對行動互聯來說，解決了速度、泛在、功耗、延遲、萬物互聯、安全等各方面的問題，讓大量的感應器得以佈建，讓智慧感應從一個概念變成擁有更多功能的產品，進入公共管理領域和普通人的日常生活，在智慧感應的基礎上，才會有智慧學習，並且形成有價值的服務。

　　人工智慧的概念已經提出六十年了，物聯網概念的出現甚至大力推廣也有十幾年的時間，但至今很難變成有價值的服務，其中一個重要原因，就是成本高，佈建複雜，無法真正進入一般性的公共管理領域和普通人的生活。成本低、效率高、能力強的 5G 通信服務將成為智慧互聯網堅實的基礎，也是智慧互聯網得以發展的重要推動力量。

　　5G 的佈建，還會大大降低通信成本，促進業務發展與消費者的更多使用。2G 時代，1GB 流量，電信公司的通行價格約為一萬元人民幣，在如此高的價格下，用戶每月使用 5MB 流量是常態，使用 30MB 算是高流量了；3G 時代，隨著通信網路數據能力的提升，可以提供更多的數據流量，1GB 的流量價格降到五百元人民幣左右，用戶每月使用流量也達到 100MB 左右；4G 時代，1GB 流量的價格降至三十元人民幣以下，甚至有的僅為

十元人民幣左右，用戶每月使用流量達到 1.5GB 以上，比以往大為提升。隨著流量價格的下降，大量的視頻、社交、電子商務、電子支付業務，用戶可以隨意使用，社會服務的效率大大提高；而 5G 到來後，流量費可能會降至 1GB 一元人民幣，甚至更低的價格，這對需要消費較多流量的人工智慧、虛擬實境、視頻業務會帶來巨大的推動作用。

行動互聯、智慧感應、大數據、智慧學習形成的智慧互聯網服務體系，將把我們從訊息傳輸時代帶入感應時代，人類的器官得以大大延伸，而人工智慧的加持，又會大大提升人的感應能力，並在這個基礎上形成更加高效的服務。由此，人類將迎來訊息革命的又一個新時代。

6G 將是技術演進而非革命

5G 之後的 6G 技術，現有國家已經開始研究。相對 5G 的革命性變化，6G 應該是 5G 技術的完善、強化以及進一步優化和提升。

這和從 3G 到 4G 的演進是一樣的。3G 是從數位通信時代走向數據通信時代。2G 雖然也有數位通信能力，但主要是發短訊和來電顯示，上網是一個非常次要的能力，用戶使用數據的量也非常小，電信公司的核心網路、計費體系都以語音為基礎。進入 3G 之後，雖然語音還是非常重要，但網路不再是一個以語

音為核心的網路，數據業務成為重要業務，核心網路和計費體系是一個以數據為核心的體系。從 2G 到 3G，對於通信網路來說是一次革命，是一個全新的轉換。

　　不過，客觀來說，3G 的網路速度還比較慢，4G 則大大提升了網路速度，讓用戶體驗有了極大的改善。我們可以將 4G 理解成一次技術演進，只是網路速度提升了，它的基礎架構和基本能力與 3G 相比沒有革命性的變化。甚至大量的 4G 業務，也是在 3G 的基礎上漸漸做起來的。只不過隨著 4G 的到來，這些業務的效率得到較大提升，迎來爆發期。

　　5G 在技術上提出了更多的訴求，速度要快，功耗、延遲要低。相對於 4G 網路，5G 對整個網路結構進行調整與重建，而且核心網路、管理與計費體系也會發生巨大變化。在 5G 基礎上形成的業務，不再僅限於訊息的傳輸，而是智慧互聯網，這個網路由行動互聯、智慧感應、大數據、智慧學習等整合形成新的能力，可以說是一個革命性的變化。5G 革命，體現的是技術、管理、計費、業務模式、商業模式、業務形態諸多方面的巨大改變。

　　那麼，5G 是不是能讓所有願景都實現，達到完美的感受與體驗呢？顯然不是。5G 也會經歷一個長期演進的過程，逐漸從網路、管理體系等各個方面不斷提升，因此，從這個意義上說，6G 不會再次進行技術革命，在體系上做革命性改變，而是在 5G 的基礎上，根據實際營運情況，發現新問題，或針對 5G 存在的不足加以完善。

6G 會讓網路進一步融合

　　目前，行動通信網路和衛星網路是兩個獨立的網路，各自營運，不能起到相互融合補充的作用。6G 有可能出現天地一體化的趨勢，一個網路不僅可以通過地面基地台進行陸地覆蓋，還能藉由低軌道衛星和高軌道衛星進行共同組網，在地面上透過眾多的直放站、小基地台進行深度覆蓋。而網路的融合，可以兼顧面與點，經由高軌道衛星和低軌道衛星，保證了面，在地球的任意一個角落，都可能有網路存在；同時，在人口密集地區或當前網路不夠密集的地區進行深度覆蓋，並且可以深入到地下，比如地鐵、隧道、停車場、礦山等信號較差的特殊場所。

　　除了地表之下一定的深度能夠被覆蓋之外，水下通信在 6G 時代也應該能實現，並成為整個網路覆蓋體系的一部份。比如，在近海、江河、湖泊中，水體品質、水下植物、水下生物、水下養殖產品、水體溫度變化、水中營養物含量、汙染物含量、水下堤壩位移度等諸多領域，都需要監測，而水下監測如果有網路覆蓋，將在很大程度上提升監控和管理能力。6G 還可以在採集海洋相關數據，監測環境汙染、氣候變化、海底異常、地震火山活動，探查海底目標，以及水下遠距離圖像傳輸，甚至軍事領域發揮重要的作用。很顯然，在 4G 和 5G 時代，水下網路覆蓋根本沒有被考慮，6G 時代應進行規劃並取得突破。

　　具體來說，水下無線通信可以採用水下電磁波通信、水聲通信和水下量子通信等多種技術。頻率高於 100KHz，能夠輻射

到空間的高頻電磁波射頻（Radiofrequency, RF），在水下無線
通信中會有較大機會。通過技術能力的提升，達到 100Kbps 以
上的數據的高速傳輸成為可能，還可以抵抗噪聲的影響，實現
相對較低的延遲和低功耗，並且有較高的安全性。射頻通信有
可能成為水下無線通信的重要選擇。此外，水下雷射通信和水
下中微子通信也將成為廣受關注的技術，但這些技術還需要不
斷完善。

　　6G 要邁出的重要一步，是通過衛星、地面站、小基地台、
水下基地台等技術和方式，把天空、地面、地下、水中都聯成
一個整體，讓網路真正的泛在。對通信業來說，實現這些能力
目前還有不小的挑戰，這些網路要想聯成一個整體，形成新的
商業模式，還有許多必須改進和完善的地方。

採用更多的頻譜提升效率與能力

　　為了實現更大的頻寬，必須把更多的頻譜用於行動通信。
在 5G 時代，800/900MHz 被用於物聯網 IoT 頻段，3.4GHz ～
3.6GHz、20GHz ～ 60GHz 的頻譜都被考慮用作 5G，從而大大
增加了可使用的頻譜，提升了網路容量和頻寬。

　　6G 網路需要更大的頻寬，6G 的峰值速度會達到 100Gbps，
而 5G 的峰值速度只有 20Gbps，單信道頻寬也會達到 1GHz，而
5G 的單信道頻寬只有 100MHz，通過多個 1GHz 的頻寬進行組
合，最後可以實現 100Gbps 的速度。要實現單信道 1GHz 的頻寬，

較低頻段的頻譜顯然不足以支撐，這就必須要把更多的頻譜拿出來用作行動通信，毫米波已經在 5G 時代開始採用，可以預計，在 6G 時代兆赫茲（THz）波將進入人們的視野。

兆赫茲波的波長在 $3\mu m \sim 3000\mu m$，頻率為 $0.1THz \sim 10THz$，是介於微波與光波之間的電磁波，兼具微波通信和光波通信的優點，這在一定程度上賦予了它和其餘電磁波不同的特性，即傳輸速度高、容量大、方向性強、安全性高及穿透性強等。

頻率越高通信容量就越大，這是通信領域的基本原理。兆赫茲波的頻率比目前使用的微波要高一到四個數量級，它能提供 10Gbps 以上的無線傳輸速度——這是微波無法達到的高度——對解決訊息傳輸受制於頻寬的問題有較大的好處。

兆赫茲波用於遠距離傳輸，顯然很難有好的效果，但今天的通信網路基本上是由光纖網路構建而成的骨幹傳輸網路，用基地台來延伸光纖網路形成行動網路，用戶可以在不同的基地台進行隨意切換，做到隨時隨地不掉線，又可以支撐高速度。未來的行動通信網路，是大範圍的蜂巢式行動網路，需要進行遠距離大範圍覆蓋，蜂巢會越來越小。未來的網路會是在一個龐大的光纖網路下，通過以家庭為主要單位的眾多小基地台，形成一個超高密度、超高速度、密集佈建的網路體系。在這個體系中，人口密集地區要實現高速度傳輸，兆赫茲技術能利用高速度、大容量和高穿透性，實現辦公和家庭環境的佈建。

電磁波頻段越高，繞射、穿透的能力就越差，毫米波很難有穿透能力，因此在城市裡，無論是辦公還是家庭環境佈建都

存在較大問題，而兆赫茲技術因為接近光波，具有較好的穿透性，同時它不需要和其他行業爭搶頻譜，故而可以實現大頻寬。正是因為這些特性，兆赫茲技術特別適合在城市人口密集地區的辦公和家庭環境進行佈建，這些地方距離不是問題，但頻寬和穿透性卻是大問題。

通信網路更加智慧化

未來，AI 功能會越來越多地引入通信網路，將其變成一個智慧化的網路。

在傳統的通信網路中，管道、管理、業務三位一體由電信公司提供，但電信公司只承載語音一種業務，管理也非常簡單化。到了 5G 時代，網路會變得更加複雜。如果我們修建多個通信網路，也就是建立多個管道體系，不僅會大大增加社會成本，社會資源也不夠。舉一個簡單的例子。城市有電力、電信、汙水等多個系統，都需要管道，如果每一個系統都自己建設一個管道，不但成本高，而且管理起來非常困難，這就需要用一個管道來共享資源。

隨著 5G 的發展，通信網路遠不再是人類之間進行語音通信的網路，也不只是可以提供上網業務的網路，還會承載大量的物聯網業務、城市管理業務、智慧交通業務、智慧家庭業務，而且不同業務的安全性、優先級、資源分配都是不同的。這樣的一個網路，必須建立起強大的智慧化管理模式，對不同的業

務和用戶進行智慧化管理。基於此，必須在網路中融入 AI 技術，對不同的用戶、用戶行為和終端進行識別，並在此基礎上進行資源分配和資費管理。

一個值得探討的問題是，未來的 6G 網路，是一個複雜的網路體系，對資源的要求極高，那麼是否需要在一個國家建立幾個網路呢？一方面資源非常有限，另一方面網路之間的互相干擾也是很大的問題。當網路深入到社會的每一個角落時，如果一個角落覆蓋三套或更多網路，不僅浪費資源，網路的品質也會受到影響。

基於此，6G 時代應該探索在一個國家只建設一個全覆蓋的網路，如此一來，不僅可以充份利用資源，減少每一個地方配置幾套設備的浪費，還可大大減少站址租用的成本，也避免了網路之間的干擾。這樣的一個網路，品質更高，佔用的資源更少，對用戶的影響也會更小。

當然，也不可能把多個營運商合併為一個，完全沒有競爭，這就需要網路和業務進行分離：多家營運商利用同一個網路提供各自的業務。電信公司的競爭力，主要體現在管理、平台、研發、營運、服務和維護等方面的能力，因為各自的能力不同，提供的服務水準有差異，用戶才有不同的選擇。

電信公司在網路上建立自己的業務管理平台、計費平台、收費平台、業務支撐平台（BSS）和客戶服務平台，然後向個人用戶、企業用戶、機構用戶提供不同的產品和服務。用戶可用一個 ID 進行身份識別，同時使用多種不同的業務，用戶不必每

一個業務註冊一個 ID，即一個 ID，多種業務，一筆費用。

網路也可以通過 AI 技術進行用戶身份識別，然後根據不同的用戶身份和終端，提供不同的網路資源和安全保證。

屆時，一個國家只有一個通信網路，多層次疊加多種網路能力，電信公司拚的不再是網路能力，而是研發、管理、營運、服務能力，這些應該是 6G 時代整個網路在營運管理上的新變化。

訊息傳輸的未來何在

5G、6G 之後，人類的行動通信技術還會不斷向前發展。那麼，未來人類的訊息傳輸會往哪些方向發展呢？

通信網路需要延伸到遙遠的宇宙

在人類目前所能接觸到的環境——天空、地面、地下、水中——都實現網路覆蓋後，人類的訊息通信網路會延伸到遙遠的太空。6G 之後，人類的觸角不應該只停留在地球上，深入探索宇宙是一個必須面對的課題。屆時，人類不僅可登陸月球、火星進行科學研究，甚至長期居留，還可能到達更遙遠的星球。

6G 之後的人類通信，必須面向遙遠的宇宙，而在火星這樣近地球的星球上，應該建立起與地球進行訊息傳輸的通信網路。在月球或火星上建立地面站，或經由多顆通信衛星中繼對星球

的表面進行覆蓋，構建起星球與地球之間的通信體系。

　　只有建立起地球和某個星球之間的通信系統，這個星球才會納入地球的生活系統中，人們才有可能對其進行系統考察研究，並真正瞭解這個星球的情況。擁有了通信系統後，地球上的人類和其他星球的交流會變得通暢，不同星球的人生活在一個體系中，遠在太空的人類也不再孤獨。

　　最早建立起的地球與其他星球的星地通信，採用的是超長波和長波，可以實現較好的遠距離傳輸，也比較容易建立。但是這樣的網路傳輸的訊息量小，頻寬較小，無法真正做到大量訊息的傳輸。這就需要採用超高頻的釐米波進行網路佈建，並通過多顆衛星進行信號中繼，最終實現較大頻寬的傳輸。可以在近地星球中建立起一個以地球為核心的通信網路，這個網路可以支持最初的文字和語音通信，最終實現高速度、高清晰度的視頻通信。

　　在宇宙間通過多顆衛星建立起類似於地面站的通信網路，把多個星球連接起來，這種高效率通信網路的形成，可以讓大量的科學研究活動，從單一的、不連續的、難以全面監測的觀察研究，轉變為連續的、全面的、系統的研究。不過，對於浩瀚的宇宙，人類所知還不夠多，一個覆蓋更廣的宇宙通信網，將是人類邁向宇宙的重要一步。未來更長遠的目標，是在其他星球進行科學考察和研究，進行人類移民，而要達到這些遠大目標，建立起星球與地球之間暢通的通信聯繫，是最基本的要求。

　　這樣的通信網路不應該是單點、偶然、不連續的通信，也

不能速度低，訊息少，為此，不僅要考慮採用何種技術，是用無線電波、光波，還是其他介質，還要研究如何滿足宇宙通信長距離、高速度、抗干擾的要求。可以考慮在月球、火星這些近地星球上建立地面站進行通信覆蓋，並建立大型通信轉發站提供穩定的網路。

宇宙通信除了要考慮採用哪些傳輸技術，以保證進行長距離傳輸，實現較大的頻寬和較高的速度，抵抗宇宙間的各種干擾，實現高安全性以外，還要考慮能源的供應。在其他星球上建立星地通信，如何提供能源支持是個大問題，還有待技術不斷發展，爭取早日最終解決。

無論如何，人類都會把通信網路逐漸從地球延伸到宇宙中。人類生活的空間，也會從地球拓展到更遠的其他星球。

人類通信要突破頻譜瓶頸

長期以來，人類的行動通信必須依賴無線電進行訊息傳輸。超長波（甚低頻）的傳輸距離遠，具有很強的穿透能力，可以進行潛艇與岸上的通信、海上導航等。長波（低頻）能傳輸較遠距離，穿透、繞射能力強，可以在大氣層內的中等距離進行通信，包括進行地下岩層通信、海上導航。中波（中頻）被廣泛用於廣播和海上導航。短波（高頻）被用於遠距離短波通信和短波廣播。超短波（甚高頻）的傳輸距離較遠，而且頻寬大大增加，被用於多種通信模式，比如：電離層散射通信（30MHz

～ 60MHz）、流星餘跡通信（30MHz ～ 100MHz）、人造電離層通信（30MHz ～ 144MHz），對大氣層內、外空間飛行體（飛機、導彈、衛星）通信，對大氣層內電視、雷達、導航、行動通信。分米波（特高頻）傳輸距離較小，穿透和繞射能力也較弱，主要用於對流層散射通信（700MHz ～ 1000MHz）、小容量（8 ～ 12 路）微波接力通信（352MHz ～ 420MHz）、中容量（120 路）微波接力通信（1700MHz ～ 2400MHz），而 4G 和 5G 的行動通信也廣泛採用這個頻段。釐米波（超高頻）擁有更大的頻寬，但穿透能力更差，被用於大容量（2500 路、6000 路）微波接力通信（3600MHz ～ 4200MHz，5850MHz ～ 8500MHz）、數位通信、衛星通信、波導通信。毫米波（極高頻）擁有更大的頻寬，但傳輸距離更近，穿透能力差，被用於穿入大氣層時的通信。為了獲得更大的頻寬，以前認為不可能用於行動通信的毫米波，如今也開始受到關注，用於近距離、高速度的行動通信。

對於通信而言，頻譜永遠是一個無法突破的瓶頸。要進行通信，必須要佔用頻譜資源，而有價值的頻譜資源是有限的。打破頻譜的限制，尋找其他的介質是一個可行的出路。我們可以把頻譜擴大到兆赫茲，但它的資源依然是有限的，更為重要的是，其可能還會受到太多的外在條件影響和限制。

在古老的通信模式中，最先進的通信系統是驛站，通過幾十公里一處的驛站，可以在一天之內把訊息傳送到千里之外，但這樣一個龐大、高效率的系統，只有權貴才能使用。要建立起低成本、更高效率的遠距離通信，當時的技術條件不具備，

人們也很難想像，如果沒有一站一站的接力，如何把訊息送到千里之外。

到了近代，隨著通信技術的發展，人類發現了無線電的存在，電波可以傳到千里之外，而且成本非常低，不需要一站一站的接力。當然，對於古代從事通信工作的人來說，電波傳輸不能把訊息變成書面信件，用處不大，直到編碼技術的出現，電波實現了把文字傳到千里之外的目標。此後，電報、電話、廣播、互聯網的出現，完全顛覆了古代通信的功能，今天的通信更是早已脫離了驛站的模式，不需要實體的訊息傳輸。

對於今天從事通信工作的人們來說，要進行通信，要麼採用電波，要麼採用光波。進行遠距離的訊息傳輸，光波和電波是當下效率最高的工具，因此，擺脫光波和電波是不可想像的。

在古代通信體系中，我們只能讓馬跑得更快，以提升訊息傳輸速度。即使後來把交通工具換成汽車、火車，乃至飛機，速度的提升仍然非常有限。只有介質的改變才是革命性的，才能讓訊息傳輸的速度從原來的天、小時、分鐘轉變為秒、毫秒。在光波和電波的體系下進行效率提升是有價值的，但這個體系的資源和速度卻又是有限的。

怎麼辦？要打破頻譜的限制，量子通信將是突破口。

量子通信（quantum communication）主要基於量子糾纏（quantum entanglement）的理論，使用量子隱形傳態（quantum teleportation）的方式實現訊息傳遞。科學家經由實驗驗證，具有糾纏的兩個粒子無論相距多遠，只要一個發生變化，另一個

也會瞬間發生變化。利用這個特性就可以實現量子通信，具體實現過程為：事先構建一對具有糾纏的粒子，將兩個粒子分別放在通信雙方，將具有未知量子態的粒子與發送方的粒子進行聯合測量，則接收方的粒子瞬間發生變化，變為某種狀態，這個狀態與發送方的粒子變化後的狀態是對稱的，然後將聯合測量的訊息通過經典信道（classical communication channel）傳送給接收方，接收方根據接收到的訊息對坍塌的粒子進行么正變換（unitary transformation），即可得到與發送方完全相同的未知量子態。

在量子糾纏的過程中，一個量子態可以同時表示 0 和 1 兩個數字，7 個這樣的量子態就可以同時表示 128 個狀態或 128 個數字：0 ～ 127。一次這樣的量子通信傳輸，就相當於 128 次經典通信方式，傳輸效率驚人。

當前，我們對於量子通信的理解還停留在量子密鑰分發（quantum key distribution）的傳輸上，而未來的量子通信則可用於量子隱形傳態和量子糾纏的分發。所謂「隱形傳態」指的是脫離實物的一種「完全」的訊息傳送。雖然量子通信技術還處於早期實驗階段，但未來用新的通信體系打破舊有的通信體系，取代今天的光波通信和電波通信，就如同用無線通信取代驛站一樣，理論上是可行的。

建立起人腦與外部晶片的傳感體系

人類通信當前面臨的一個重大瓶頸，是所有的通信需要透過感官進行辨識，再在大腦中對訊息進行儲存和計算，然後進行判斷。這個過程效率相對較低，首先要經由感官系統進行感知，經過訊息轉換後，通過人的神經系統將訊息送到大腦進行儲存，經過計算並做出判斷，再把訊息透過神經系統送到肢體，持續性進行訊息感知，同時通過肢體做出反應。這樣的過程，需要多次進行訊息的轉換，大大影響了訊息的傳輸速度。

人類要突破訊息傳輸的瓶頸，就必須突破感官的限制，把很多外界的訊息直接和人的大腦聯繫起來，不再進行多輪轉換，直接進行訊息傳輸。

可以設想的是，在人體中植入生物晶片，把生物晶片和人腦的神經系統連接起來，大量的訊息不是經由感知系統進行文字、語音、圖片的轉換並形成訊息，而是直接發送到人腦中，把這些訊息儲存在生物晶片上，實現碳基的生物儲存、計算和矽基的儲存、計算完全融合。這是人類未來通信領域的終極突破，大量的訊息不是藉由感官系統進行訊息轉換，而是直達大腦，從而重塑人類。

如今，神經元晶片已經研製成功，它是一個帶有多個處理器、讀寫／唯讀記憶體（RAM 和 ROM）以及通信和 I/O（Input/Output）接口的單晶片系統。唯讀記憶體包含一個操作系統、LonTalk 通信協議和 I/O 功能數據庫系統庫。晶片上有用

於配置數據和應用程式的非揮發性讀寫記憶體（NVM），並且二者都可以通過網路下載。也就是說，這個神經元晶片本身就是一個記憶體，同時又具有通信功能。不過，它的功能還不夠強大，仍需要不斷完善與提升。

科學家的夢想是，未來，神經元晶片是「活」的，生物體和晶片融為一體，腦細胞和矽電路融為一體，在腦細胞中儲存的訊息，如知識、夢境、記憶，可以自由地在腦細胞和晶片之間進行轉移、複製、提取。如果做到這一步，很多知識和相關訊息不再需要藉由學習這樣一個漫長而複雜的過程，而是經由晶片中訊息的轉移，被人瞬間掌握。

屆時，訊息的傳輸不再是傳統思維理解的模式：透過人類的五官進行感知，把感知的訊息送到大腦中，進行分析、歸納、條理化，形成知識與記憶，再送至大腦的記憶分區進行儲存。相當多的訊息，可以直接跳過感官進行儲存，也可以被大腦進行搜索、調用，最後參與計算與分析。這是人類訊息傳輸方式的一次實質性改變，儲存的效率會提升千倍，會對人的生物特性、倫理與道德產生巨大的衝擊和影響。我們會面臨「人還是人嗎」的拷問，同時人與人之間的智力水準也會更加不平等，個體之間會出現巨大的差異。

為了追求更新的訊息傳輸方式，科學家始終沒有停止探索的腳步。如今，研究人員已經可以在一平方毫米大小的矽片上安裝一萬六千個電晶體和數百個電容器，然後用大腦中發現的一種特別的蛋白質將腦細胞黏到晶片上，且不是把這種蛋白質

作為一種簡單的黏合劑，而是把神經細胞的離子通道和半導體材料連在一起，這樣一來，神經細胞的電子信號便可以傳送到矽晶片上，然後透過蛋白質捕捉到腦電波的變化，把腦細胞的訊息轉化為電子信號，並進行解釋，進行訊息的儲存和記錄。神經晶片上的電子元器件和活體細胞形成了彼此可以溝通的聯繫，神經細胞發出的電子信號被晶片上的晶體記錄下來。更長遠來看，這些被記錄下來的電子信號可以進行理解和編譯，最後把人腦的訊息儲存和電子訊息打通，成為相互可以理解的一個完整訊息系統。這樣人就完成了一次改造，從生物人被改造成生物人與矽基人的融合。在一定程度上說，人開始向新的物種發展。

能源儲存將取得突破

支持生物體最為關鍵的能力有兩個，一個是能量，一個是訊息。能量是維持一個生命體存在的基礎，而訊息則是讓這個生命體具有智慧的基礎。

人類的發展進化史，就是在不斷提升能量和訊息這兩個維度上展開的。能量的獲得需要不斷地攝入食物，這是人類生存的基礎。漫長的人類發展史，可以說是人類為了獲得能量補充想盡一切辦法的歷史。無論是早期的直立行走、工具發明，還是再到形成群居社會，直至國家的出現，人類的一個重要目標

就是獲取更多的能量，盡可能地佔有資源，以獲取長遠的生存機會。

進入工業化時代後，各種機器出現，它們的運轉需要能源，能源就從早期的生物類過渡到煤、天然氣、石油、頁岩油等石化產品。這些能源支持機器的運轉，大大提升了人類社會的工作效率，促進了人類文明的發展。為了確保自己處於有利位置，爭奪能源便成為近代以來戰爭和政治更迭的導火線。

當下，能源的獲取更加多元化，有風能、太陽能、潮汐能、水能、核能……眾所周知，生物能源、化石能源相對有限，但當很多能源都可以轉化為電能時，人類獲取能源的途徑就變得無限了，因為很多能源可以再生，甚至用之不竭，比如說風能和太陽能。

在早期的生物能源時代，能源是以實物形態存在的，比如糧食、肉食等，保存和運輸是一個很大的問題，需要道路、交通工具、儲存工具，耗費大量的人力財力。其中，肉食的保存更加複雜，為此，人類想辦法做成醃製產品和冷凍產品。總之，那時的儲存和運輸體系複雜，效率較低。

煤、石油、天然氣這些化石能源的保存和運輸同樣存在較大問題：煤體積龐大；天然氣不但體積龐大，同時需要專用設備進行運輸，才不會流失；石油體積大，需要專用設備保存和運輸，還容易產生環境汙染。化石能源的製成品，如煤油、柴油、汽油等，運輸非常不方便，存在較大的安全隱憂。不過，因為效率較高，化石能源在今天的能源結構中仍然佔比較大，但一

個不得不面對的現實問題是，這些能源不可再生，會逐漸枯竭。

　　電能的出現，很好地解決了能源運輸和儲存這兩大難題。通過電纜，電能可以進行遠距離傳輸，龐大的電網讓電能的傳輸四通八達，方便、清潔、安全地進入家庭和工作環境，這是改變近現代社會的重要力量。電能可以讓電腦這樣的產品完成計算和儲存各項工作。電還可以進行儲存，攜帶安全方便。電池讓能源可以高效率、清潔、方便地進行轉移，讓眾多的工具可以擁有能量進行工作。比如，手機、筆記型電腦等需要電能支持的產品，因為有了電池這個可移動的能源儲存設備，能隨時隨地工作。

　　能源的升級和訊息的革命是交替進行的。人類在獲得了足夠的能源支持後，漸漸創造出語言用於訊息的交流，藉由訊息交流提升了能力後，又反過來繼續尋找能源升級的手段。

　　人類的訊息傳輸經歷了語言、文字、印刷、無線電、電視、互聯網等多個發展階段。除了傳輸，訊息的儲存是一個大問題。很長時間以來，人類的訊息是儲存在紙這種介質上的。紙的出現，為人類文明做出了巨大貢獻，它是文化、歷史的重要載體，但紙的生產成本高，保存的時間不夠長，儲存的訊息也非常有限，一本幾十萬字的圖書部頭很大，攜帶起來不方便。為了滿足人們對知識的渴求，人類建設圖書館專門儲存圖書，並供讀者閱讀。在較長一段時間裡，圖書館是資訊儲存和互動的樞紐，被稱為人類知識的寶庫。但這種模式把很多普通人擋在門外，資訊的傳輸依然面臨較大問題。

　　隨著人類文明的發展和時代需要，要提高訊息的儲存量，就必須找到新的儲存介質，這種介質需要提高傳輸速度，讓訊息得到更方便的傳輸和大規模、便捷化的使用。矽的出現，使人類世界的訊息儲存和傳輸獲得了革命性的改變。

　　一七八七年，拉瓦錫（Antoine Lavoisier）首次發現矽存在於岩石中。在石英、瑪瑙、燧石和普通的灘石中就可以發現矽元素。矽也是建築材料水泥、磚和玻璃中的主要成分。矽意外地成為訊息傳輸的重要載體，成為大多數半導體和電子晶片的主要原料。

　　電腦技術的出現，讓儲存訊息完全不同於紙媒時代，人類進入訊息爆炸時代。電腦技術的綜合特性明顯，與電子工程、應用物理、機械工程、現代通信技術和數學等學科聯繫緊密，電子數值積分計算機（ENIAC）是第一台通用電子計算機，當時就是以雷達脈衝技術、核物理電子計數技術、通信技術等為基礎的。微電子技術的發展，對電腦技術產生了重大影響，二者相互滲透。與此同時，應用物理方面的成就，為電腦技術的大發展提供了基礎條件。

　　其中，磁記錄技術是電腦進行資訊儲存的一個重要步驟，該技術在不知不覺中掀起了一場人類歷史上資訊儲存的革命。相比紙張，磁記錄的訊息量更大，資訊也更加豐富，除了文字之外，還可以儲存圖片、聲音、影像等，這讓人類的資訊儲存能力達到一個前所未有的高度。最早的磁記錄技術被用於唱片、磁帶這些有聲音訊息的儲存。

　　矽的儲存能力又大大超過了磁帶，一小塊晶片儲存的訊息足以超過一個圖書館。伴隨著電腦小型化、手機智慧化以及雲時代的到來，矽儲存的價值還在於高速度的傳輸。

　　在紙製媒體時代，社會上有很多「大師」，所謂「大師」，就是訊息壟斷者。因為那時訊息儲存量少，流動性差，獲取訊息是一件高成本的事，訊息成為稀缺資源。在此情況下，大多數人沒有機會接觸到更多的訊息，而訊息壟斷者就成為學富五車的大師和泰斗，因為擁有知識而享有特權，社會對大師的尊敬與崇拜成為特有的文化現象。

　　隨著磁記錄和矽記錄技術的出現，加上微型電腦和手機的普及，雲計算滲透到社會生活的每一個角落，資訊可以高速度大量流動。如今，我們已經不一定非得需要圖書館這樣的場所來儲存或交流資訊，很多人已經多年不去圖書館。當然不去不代表不學習不閱讀，不接收新訊息，很多人透過網路獲取資訊。現如今，只要你願意花時間學習，都可以利用網路找到想要的資料。在資訊大爆炸時代，隨著管道的增加，獲取資訊更加方便快捷，成本也大大降低，機會趨於平等，「大師」開始快速減少，原因是如今已經沒有或很難有資訊壟斷者。從這個意義上來說，打破訊息傳輸的限制，技術盡量做到低成本和高效率，人類文明會大大加速。

　　更重要的是，磁儲存和矽儲存的出現，還讓人類的思想、文化發生了巨大變化，也為大數據、人工智慧的到來奠定了基礎。

　　在解決了資訊的大規模儲存和高速度流通之後，能源的儲

存也是人類需要解決的重大課題之一。

　　如今，人類獲取能源的手段越來越豐富。綠色能源如水能、風能、太陽能和潮汐能都能轉換為電能，但一個現實問題是，儲存面臨較大問題，很難併網使用。以太陽能為例，白天有太陽，能發電，小規模的普通照明用電需求量並不大，基本能夠滿足。但晚上需要電時，卻沒有太陽，因此很難發電。風電、潮汐電等也是如此，非常不穩定，很難進行精準控制。

　　隨著 5G 以及智慧互聯網時代的到來，大量的智慧設備驅動都需要電能，這些設備已經擺脫了固定的位置，需要移動使用，比如智慧汽車等各種交通工具，而大量的手機、平板電腦，還有物聯網設備，不可能經常更換電池或充電，因此需要確保能源的長時間供應。

　　5G 時代，手機上網速度越來越快，螢幕越來越大，但如果每天需要充電或者一天充電幾次，會讓體驗感大大降低，也極不方便。而眾多的物聯網產品需要長時間工作或待機，也不適合每天都要充電。這些都需要有較大儲存容量的電池來改變這種困局。

　　電池的發展經歷了碳性電池、鹼性鋅錳電池、可充電鎳氫電池、鋰電池等幾個階段。隨著技術進步，電池的發展不斷向高密度、大容量、小體積、彈性化發展，今天智慧手機能夠快速普及，與電池技術的發展密不可分。換句話說，如果沒有電池技術的進步，行動通信基本不可能實現。但是，一個困局是，鋰電池已經到了極限，很難再增加容量，很難滿足 5G 和人工智

慧時代更多的需求，因此，人類需要尋找新材料，研發出超高密度的電池，解決能源大規模儲存的難題。

從技術上來看，要解決能源大規模儲存的核心是材料。在人類暫未發現比鋰更好的高密度能量儲存材料時，首先關注到了石墨烯的價值。石墨烯於二〇〇四年問世，是目前已知的最薄、強度最大、導電導熱性能最好的一種新型奈米材料，厚度是髮絲的二十萬分之一，強度是鋼的兩百倍，被稱為「新材料之王」。石墨烯有較多的優質特性：堅固耐磨損、導熱性優異、導電性好、耐高溫、耐低溫。雖然石墨烯對於提高能量密度沒有幫助，但可以大大提升充電速度，讓智慧汽車「充電十分鐘行駛一千公里」成為可能。換句話說，經由提高效率，大幅減少充電時間，也是一條新途徑。

不過，人類在尋找新材料的路上永遠不會停止腳步。除了石墨烯之外，未來能否找到一種可實現高密度電能儲存的材料，需要不斷進行篩選，找出不同材料不同的特點。此外，除了尋找新材料，如何在現有材料基礎上，透過改變配方找到更多提高能量密度的辦法，降低成本，尋求更大突破，也是值得探索的路徑。

從紙的訊息儲存到矽的資訊儲存，人類實現了一次又一次的訊息儲存革命，基本擺脫了訊息的壟斷和限制，打破了資訊鴻溝。在下一個五十年或更長的時間，人類要解決的關鍵難點，是能源的大規模儲存，如果這個問題能得到較好的解決，人類社會還會出現更加令人驚奇的巨大變化。

社會倫理道德面臨巨變

　　從歷史來看，一個社會哲學、道德、倫理、思想、文化、宗教的決定力量是技術的發展與變革。技術的發展，將會導致物質基礎的改變，也意味著可分配物質的多少。換句話說，在一定的物質條件下，就會有與之相適應的哲學、道德、文化和倫理。可以說，人類的一切思想都不可能超越技術發展和物質基礎，一切理論也都受制於技術背景下的物質能力。一個不變的事實是，天然具有活躍性的技術永遠在改變物質世界。

　　人類提升技術的動力，是與生俱來的，它根植於人類的內心深處，更是生存和發展的需要。

　　儒學之所以在春秋時期產生，是社會經濟發展的結果。漢代獨尊儒術的出現，是在改朝換代後，經歷了較長時期的社會穩定和經濟發展，統治階級亟須加強中央集權統治。出於維護統治的需要，進而對各種思想進行整合，取己所需。「天人感應」，「君權神授」，「天者萬物之祖，萬物非天不生」，「人之人本於天也。天亦人之曾祖父也。此人之所以乃上類天也。人之形體，化天數而成」，這些思想的提出，一個核心目標就是強調君權神授，把君權和神權統一，形成君權的宗教化，用於強化自己的統治地位。

　　此後，千年中國的思想、文化以儒教為主體，除了為統治階級服務，同時也與農業社會的發展相適應。隨著工業革命的

到來，綿延了幾千年的中國儒教受到衝擊，尤其是在新時代技術和經濟發展取得較大進步的背景下，外來的堅船利炮打破了原有封閉的文化、思想。受此影響，儒教分崩離析。導致這一現象的根本原因，不是思想上出現了什麼了不起的變化，而是在技術變革的推動下，在社會、經濟、軍事等基礎上，催生出了新思想與新文化。

第一次工業革命，蒸汽機的使用改變了人類的面貌。蒸汽火車改變了人們對於速度的認識，坐在火車上，看到飛奔的馬車快速後退，這是一種前所未有的新體驗。與此同時，蒸汽機生產線上，機器零件如魔鬼般的自動化節奏，讓人們領略了技術的威力。

機器的使用，給人類的行為和思想帶來巨大變化，特別是之前在較長時間被視為真理的東西不斷被新生事物打破，新的規則被建立起來。比如，和很多具有歷史意義的新產品一樣，早期的汽車只有少數富人能夠使用，一般民眾沒有機會乘坐。隨著時間的推移，研究人員發現單輛汽車的生產成本並不高，可以讓更多的人受益於這一發明，於是數十人共同乘坐的汽車——公共汽車——誕生了。

公共汽車的特點是多人可以共同乘坐，作為一種共有產品，它解決了普通大眾不能使用新發明成果的問題。公共汽車的出現，給了人類更多啟示，就是如何讓更多的人共同使用和分享一種新產品。這種新想法催生了一個新概念：公共產品。

在技術快速發展的背景下，社會物質財富得到巨大的提升，

人與人、人與自然、人與社會之間的關係發生了巨大變化，新的社會關係開始出現。

一百年前，對於同性戀，絕大多數地區的人都不能容忍，因為繁衍是人類的基本要求，而同性戀無法實現這個要求，當事人彼此再有感情，也不為社會所接受，況且它與當時的社會倫理和道德相違背。隨著社會發展和人類文明進步，到了二十一世紀，人類社會對於同性戀的態度發生了變化，開始逐漸接受。

這種進步和變化，正是建立在社會物質取得大發展的基礎上，因為當下人類繁衍的重要性有所下降，而這一切又基於糧食產量的大大提升，嬰兒存活率的提高，社會保障體系的更加完善，人類對「不孝有三、無後為大」的恐懼感沒有以前那麼強烈。由此，人類對繁衍的渴求，讓位於愛、自由、理解和尊重。

物質的變化也在影響著國家的政策與法律。二十世紀七○年代末，計劃生育政策被中國社會菁英階層廣泛傳播與接受，到了八○年代初，計劃生育被確定為中國的基本國策。這一認知的前提是，人口壽命在增加，嬰兒存活率在上升，人口出生率在增加，但社會物質生產的水準卻並不高，即社會物質增長的水準趕不上人口的增長速度。因此，當時除了思想較為落後的農村地區，社會的菁英階層都理解並支持計劃生育國策。

經過三十多年的發展，今天中國的計劃生育政策出現鬆動，甚至逐漸開始鼓勵生育，這是基於物質生產能力的大大提升，人們的認知和思維隨之發生新的轉變。比如，得益於化肥和農

藥的大規模使用，中國的糧食產量得到較大提高。一九八〇年，中國的糧食產量約三億四千兩百五十萬噸，到二〇一六年，糧食產量達到六億一千六百二十四萬噸，翻了近一倍；與此同時，棉花、油料、蔬菜、水果、豬牛羊禽等農副產品的產量也出現大幅增長，且增長速度遠遠超過了人口的增長速度，相同的土地和資源，已經可以養活更多的人。

此外，受到新技術的推動，工業、建築等領域的生產能力也出現了驚人的爆發。我們已經從過去的物資匱乏社會，發展成為產能過剩社會，如果沒有更多的人來消費，生產出來的產品就會被浪費，經濟就會陷入低迷。因此，適當增加人口，放寬計劃生育政策的呼聲逐步被人們接受，中國政府也審時度勢，對政策進行相應調整。

計劃生育政策的變化，同樣證明了技術的發展變化是物質生產能力提升的基礎，而物質生產能力的提升勢必帶來政策、思想的變化，最終導致整個社會價值觀發生變化。

人工智慧和物質極大豐富階段會比想像來得更快

過去，社會生產活動由所有人參與，否則社會就沒有能力來養活眾多人口，如今這個時代正在過去，社會生產活動正變得高度集中，由少數人來完成，這一趨勢正在加快，速度甚至超過我們的想像。

人類歷史上的訊息革命，後一次到來的時間都比前一次大

大縮短。第一次訊息革命，語言的出現，距今已有百萬年；第二次訊息革命，文字的發明，距今約有五千年；第三次訊息革命，紙和印刷術的發明，距今不過三千年；第四次訊息革命，無線電的發明和廣泛使用，至今不過三百年；第五次訊息革命，電視的發明和使用，更是不過百年；第六次訊息革命，互聯網的出現，距今只有六十年。

工業革命的出現，讓人類的物質財富進入一個高速度發展的時期，物理距離變短了，時間變快了。尤其是大量用於提升產量和勞動效率的機器被發明出來，使得人類對糧食、鋼鐵、能源的佔有高速提升。比如：汽車、飛機、輪船等擁有較高速度的交通工具被發明出來，廣泛用於交通；拖拉機、收割機、脫粒機、烘乾機、播種機等機械被用於大規模的農業生產；化肥、農藥、除草劑等被用於農業耕作，加上科學選種、育種、改良，使農產品的產量大大增加。

很顯然，工業革命極大地增加了社會財富，而 5G 之後的智慧社會則會讓社會財富的增長達到更加驚人的程度。

人類社會賴以生存的基礎是農業，很長時間以來，人們一直認為農業很難實現大機器生產，很難進行工業化改造。但事實是，工業化的力量如今已經進入農業生產。二〇一七年，我曾經去北大荒調查研究，一九四七年之前，北大荒基本上是一片荒地，二十世紀五〇到六〇年代進行了多輪開發，今天的北大荒已經可以生產供一億兩千萬人吃的糧食，其中百分之九十八是商品糧，也就是說本地人只消耗很少的糧食就可以生

產出大量的產品。在當地，一萬畝的田地有千塊之多，優選育種和大機械生產已經成為現實，土地上只有少量的農民進行機械操作。二十世紀五〇年代，一畝地的水稻產量只有三百公斤，今天畝產一千公斤成為常態。而機器化作業，讓生產過程中的消耗也大大降低。

未來，智慧化技術的介入，將進一步提高人類糧食的產量。幾千年來，糧食生產主要靠天吃飯，人們對於天氣無法預測，對天氣的抵抗能力比較差，對土地的瞭解也很少。在智慧化時代，人類不僅可以預測天氣，還能根據生產的需要對天氣進行有效干預。在糧食生產過程中，以前無法解決的難題也可以經由機器來實現，比如以前碰到陰雨天氣，大量的糧食會發芽、霉變，今後完全可以通過大型烘乾設備進行烘乾和儲存。

在智慧化時代，每一塊土地在耕作前都能做到科學監控和管理，如土地的溫度、含水量、微量元素、土地肥沃度都能得到有效的監測，然後進行有針對性的分析，按照實際需要進行施肥，以保證糧食生產的最佳條件，再輔以優選育種、基因改造，糧食產量和生產效率會大大提高。

不僅是糧食，蔬菜的種植也會進入工業化時代。過去，蔬菜最初是在邊角地塊按照最原始的方式進行種植，後來逐漸轉向大面積生產，如今大棚開始成為蔬菜生產的主要形式。未來，蔬菜種植會被標準化的廠房所取代，到時蔬菜將根據市場需要進行定制化生產，廠房裡的溫度、光照、濕度可以自行調節，使其滿足蔬菜生長的最佳狀態。基肥、各種微量元素的含量可

根據蔬菜的需要進行配比調整。在這種蔬菜工廠中，不會出現病蟲害，所以不需要使用農藥，安全性提升，生產速度加快，品質也會大幅提高。

可以預見，養殖也會走向工廠化。以魚類為例，鱘魚是一種必須生活在活水中的洄游魚，人工養殖難度極大。如果是智慧工廠化養殖，可以藉由模擬鱘魚的生活環境進行育苗，再模擬鱘魚的生活環境建立洄流，從而大規模養殖這一珍稀品種。

如今，絕大多數國家對於食物的基本需求已經解決，正逐步朝著高品質、更安全的方向發展。隨著智慧時代的到來，糧食問題將得到更好的解決，進行糧食生產的人口也會急劇減少。未來五十年，農民這個職業會逐漸衰落，傳統意義上的農民將不復存在，農民的工作將會逐步由農工所替代。在此過程中，還會伴隨著鄉村的減少直至消失。而社會的轉型，也會促使大量的農民進入城市，農工在總人口中的佔比會越來越低，糧食生產與經營只需要極少的人負責，從種子、種植、收割到銷售，大資本都會參與其中，形成一個高效率的體系。

後 5G 時代，智慧化也會讓工業生產的效率更高，變得更加體系化，產業工人會大幅減少，最為典型的表現是在電子產品製造領域。

全世界曾經有數百家做手機的企業，今天已經收縮到幾十家，而且主要集中在中國，每個企業無論是品牌，還是代工，都非常集中。目前，由於智慧化水準越來越高，生產線上的工人越來越少。二〇一五年，華為松山湖生產基地一條生產線有

一百二十八名工人，二〇一七年減少到二十八人，二〇一八年更是減少到十九人。

從產業集中度來看，全世界使用的手機，大多數都來自幾個工廠，不僅整機逐漸集中，配件也向少數企業集中，而最底層的晶片，能做設計和封裝，測試的企業寥寥無幾。其中，最基礎的曝光機（Mask Aligner），能夠生產的企業只有幾家。幾家、十幾家企業生產的產品，可以供全球幾十億人口使用，這在以前是不可想像的。至於其他企業，因為效率等多方面的問題，完全失去了同台競爭的能力。

5G 之後的工業生產，智慧化的進程會大大加快，「智慧」二字將扮演更加重要的角色。以空調為例，傳統功能很簡單，能提供製冷或加熱即可滿足日常需求。隨著技術的發展，後來加入了除濕、節能等功能，但這些能力都是獨立的，空調只要具備這些功能，都可以使用。未來的智慧化時代，會將產品變成一個服務系統，同一個品牌或同一平台的產品，除了空調之外，還會有空氣淨化器、除濕器、加濕器、暖氣，這些產品都和具備環境監測功能的儀器相聯，在充份分析環境的情況下，進行智慧化決策，滿足多種需求。屆時，如果企業生產的空調產品功能太單一，用戶體驗會大大降低，而有能力提供豐富服務的企業，只能是少數。對一個國家來說，生產相同產品的平台不會太多，眾多的小企業將失去競爭機會。

社會服務業也會在智慧化時代發生巨大變化，對服務人員的需求勢必會減少。零售業曾經是最龐大、最細分的行業之一，它

需要滲透到社會的每一個角落，參與零售活動的有不計其數的商店和攤販。此後，大工業時代的超級市場擠壓了大部份商店的生存空間。而在智慧化時代，電子商務尤其是行動電子商務流行，幾家龐大的平台取代很多普通商店，無人售貨、電子支付、無人機和無人貨車進入銷售的各個環節，商品的運輸更加多樣化，還可以在約定時間送貨。這樣的系統一旦建立起來，曾經龐大而分散的零售業會被集中起來，從採購、配送、分裝到最後送至用戶手中，智慧化會讓效率大幅提高，營運商的成本會大為降低，過去隨處可見的大量從業者會逐漸退出這個行業。

智慧化也會讓飯店服務、餐廳服務等大量採用機器人來完成，對於標準的沖咖啡、清理桌子等工作，機器人很快就能駕輕就熟，這些領域的員工也將退出。

總之，過去人們一直期盼的物質極大豐富，到來的速度可能會超出我們的預期，而導致這一結果的根本力量就是人工智慧。

低慾望社會讓按需分配成為可能

較長時間以來，人們對於按需分配是充滿疑慮的，因為即便物質極大豐富，但人的慾望是無止境的。按需分配是不是每個人要住一套別墅，要配一輛保時捷？其實，這種分配是不可能滿足的。科學社會主義理論也認為按需分配以人的需要作為勞動產品分配的唯一根據，而不是隨意滿足所有人的任何慾望。更為重要的是，隨著物質的極大豐富，普通人獲得物質並不太

困難，人類會迎來一個低慾望的社會。

慾望是一種動物本能，是由需求引起的渴望，是在需求的前提下，對於滿足的嚮往。產生慾望的最大動力是短缺，這是人性最原始的本能之一。在人的心裡，某種東西很希望得到卻得不到，才能刺激慾望。如果想什麼有什麼，想得到就能得到，或是不需要付出太多的努力就能得到，就很難讓人產生慾望。

二十世紀五六〇年代，中國人對於物質的慾望很高，因為人們自幼挨過餓，對於飢餓有本能的恐懼，而改革開放之後，面對外部世界，人們存在一定的心理落差，對物質的渴求在內心形成強烈的衝動。對於這一代人而言，他們當時很難理解低慾望，這也說明了慾望是因短缺、差距造成的勢能。

在物質短缺時代，人們對於物質佔有有較高的需求。比如，雞蛋需要憑票供應，人們不但會把可以憑票購買的雞蛋都買回來，而且還會盡可能多地囤積雞蛋。此後，隨著經濟搞活，物質不斷豐富，對雞蛋的需求能夠完全滿足，雞蛋隨時可以買到，大家反而不會購買更多的雞蛋，只會吃多少買多少，因為那種焦慮感消失了。

慾望的高低與物質的滿足程度成反比，越短缺，越容易產生慾望，而容易得到滿足，慾望就會大幅降低，因此，可以預見未來將進入一個低慾望的社會。

隨著物質的極大豐富，人們獲得基本生活用品不再那麼困難，人類社會將開始面對低慾望的考驗。在經濟較為發達的國家和地區，如北歐、日本等，低慾望正成為新的問題。

　　通常來說，低慾望社會具有三個基本特徵：

　　(1) 少子化。不生孩子是低慾望社會的一個重要標誌。過去，多子多福、養兒防老的觀念深入人心，生孩子是家族興旺、老年生活更有保障的觀念推動著人類繁衍。如今，不願意生孩子的人開始增多，這是由兩方面原因造成的：一方面是生孩子、養孩子的成本太高，父母付出較多，承擔的壓力也大，對很多家庭而言，多生一個孩子會造成幸福指數下降，生活品質受到影響。在這種情況下，只生一個孩子，甚至不願意生孩子成為很多生育適齡者的選擇。另一方面，社會保障體系日趨完善，年老後，不需要孩子照顧，可以通過養老院及其他社會養老機構安度晚年。

　　少子化正在成為已開發國家面臨的一大問題，在北歐、日本等上世紀七〇到八〇年代就已進入已開發階段的經濟體，這個問題越來越明顯。如今，中國也逐步進入少子化的狀態。

　　(2) 社會固化。社會固化也是低慾望社會的一個重要標誌。長期的政治和經濟穩定，社會就會逐漸走向固化。底層群體要進入社會主流，投入成本高，普通人向上流動的機會越來越少，拚搏的動力就會減弱。階層固化最大的問題出現在教育上，高層次人群不僅掌握了較多的資源，經濟基礎雄厚，更重要的是，他們在子女的教育投入上遠遠超過了其他階層，這會造成高層次人群得到更好的教育機會和資源，而處於社會底層的人得不到較好的教育資源和發展機會，從而打擊他們向上發展的進取心。換句話說，富人越來越富，窮人越來越窮，一旦整個社會

失去蓬勃向上的朝氣，就會失去創新精神，看起來像死水一潭。

社會固化在世界多國已經出現，中國雖然目前還沒有發展到這個階段，但這個現象值得警惕，應提前做好應對準備。

(3) 啃老族盛行。當基本生活得到滿足之後，一些人會失去上進心和鬥志，又沒有生活不下去的壓力，於是開始退回到內心世界，不願去面對過於激烈的競爭，不工作，不結婚，不生育，只依靠父母生存。如今，這種現象在社會福利較好、人情關係淡漠的社會已經出現。隨著社會發展速度越來越快，這種人已經在事實上失去了參與社會競爭的基本能力，只能依靠社會福利生活，而較好的社會福利也能接受並容忍此類人群存在。

高福利社會為失去上進心的人提供了生存保障，同時隨著技術快速進步，大量的普通工作完全可能用機器人來代替，對一些人而言，社會已經不需要他們工作，或是他們工作創造的價值不大，社會也有能力可以養活他們。

今天，在北歐、瑞士、日本等已開發國家和地區，低慾望社會特徵日漸明顯，社會菁英和普通民眾兩極分化，其中普通民眾正在失去上進心，社會上升的通道變窄，而社會生存壓力也不大。在物質基本需求方面，一定程度上正在接近按需分配。很多人不再關心技術、發明、製造與生產，也不再尋求新的發展機會，而是把精力轉向體育運動、遊戲、娛樂，玩樂成為生活中重要的部份。

勞動成為第一需要

5G 之後，人工智慧被大量運用於社會生產，生產效率極大提高，大部份普通生活用品可能會由幾個大公司生產出來供全球使用，而我們日常生活中很多的服務、大量的崗位，都可以被機器人取代。智慧化社會會逐漸分化形成兩種人：工作人和娛樂人。

工作人在智慧社會是少數，這種人不是做普通人的工作，而是從事演算、發明、技術突破的研究，模式的構建，新材料的尋找，新方法的探索。智慧社會對工作人的要求極高，比如需要較高的智力水準、豐厚的科學積累、強大的抗壓能力，才能勝任工作。這種人或在某個領域有精深的研究，可以鑽研得很深，是某個領域的專家；或是具有開闊的眼光，對於未來、模式、宇宙等各方面的關係有深刻的理解，有遠大的規劃能力。當然，工作人因為要不斷的學習來提升智力，在工作中不斷完善自己，也會面臨各種壓力。

娛樂人會逐漸成為社會的多數。目前大量的普通工作崗位，會被機器人替代。過去，很多人從事農業生產，才能生產出供所有人食用的糧食，隨著農業智慧化，糧食生產機械化，蔬菜、牲畜和水產品養殖工廠化，絕大多數農業人口向城市轉移，從事農業生產的人口只佔社會很小一部份，將出現大量剩餘勞動力。

不僅農業生產會被機器取代，物流、運輸系統也不需要太多的人來維護，機器將扮演主要角色。未來，只有少數環節和

維護需要由人來完成，甚至某些維修工作都由機器人來完成。

可以預見，工業產品生產的大部份環節都由機器來完成。今天，無人工廠在很多領域已經出現，越是高技術、高精密的生產領域，越會走向大機器生產，手工製作意味著高成本，只有極少的領域，比如具有個人特色的藝術領域，還需要人來做。大部份領域的核心產品，全球只有幾家或十餘家企業生產，產品趨向標準化，生產成本更低，效率更高，普通產業工人會大幅減少，製造同樣成為少數人的事。

智慧化也會在服務行業大顯身手，城市的交通由無人駕駛汽車、高速鐵路、膠囊列車組成一個完整的智慧交通體系，這個體系由一個智慧交通系統來進行控制和管理，不再需要大量人口在這個系統上來管理和控制，司機和服務人員，以及其他大部份普通營運人員將退出歷史舞台。

物流方面，智慧送貨機器人、智慧無人機取代了日常的物流系統，外賣和網購商品將經由智慧送貨系統送到家門口，在這樣的體系中，目前送貨員的重要性下降，轉行成為必然。

退出一般性工作崗位的人，會轉行進入娛樂行業，為社會提供娛樂。與此同時，社會上很多人因為不再需要工作，娛樂成為他們的生活內容，在娛樂過程中，可以把自己幻化為社會上的任何一種角色，身心得到極大滿足。

對於工作人而言，他的回報並不是財富和物質回報，當社會財富大量增加，獲得物質財富已經不那麼重要了，一個富人和一個普通人，得到的物質和消耗的物質並無大的區別。智慧

時代，生存、安全、情感的需求已經得到解決。工作人的回報一個是控制力，一個是社會的肯定。人類需求的最高層次，是尊重的需求和自我實現的需求。

在這樣的一個世界中，成為工作人，參與勞動，是一件奢侈和有自豪感的事，因為那時一般人沒有機會參與工作，更多的人只能是娛樂人，而他們很難受尊重，獲得自我實現。因此，在智慧時代，勞動成為第一需要，成為工作人，將是走向社會金字塔尖的重要標誌。

人類社會進入智慧社會以後，人的思維與短缺時代會有極大的不同。隨著物質極大豐富，一般人的需求很容易得到滿足，基本資源可以按照人們的需求進行分配，在這種狀態下，人類進入低慾望社會，對於物質的追求大大降低，大部份人不需要參與工作就可以獲得基本生存保障，勞動成為絕大部份人很難達到的境界，只有少數人參與工作，工作成為社會尊重和獲得自我實現的象徵。

在物質極大豐富、大量工作崗位被機器替代的情況下，人性發生巨大變化，哲學、道德、倫理、文化、風尚會與現在有很大的不同，人們的金錢觀念、對物質的看法、人與人之間的關係也會變得與現在大不相同，因為物質短缺造成的恐懼會消除，幸福感增強。同時，人們對於宇宙、未來以及其他未知世界會產生更多的好奇感。社會制度也逐漸發生變化。而人類解決問題的方式，會更多從戰爭走向談判，因為一方面人類並不需要爭奪資源解決生存問題，另一方面，智慧時代的戰爭可能

會更加慘烈，破壞力更大，一旦輕啟戰端，人類需要付出難以
承受的代價。

新人種「智慧人」將出現

很長時間以來，人類對於未來智慧世界的想像，是會不會
有機器人戰勝人類，把人類和機器人作為對立面。站在人類的
角度，希望機器人永遠受人類控制。

隨著智慧化的發展，大量的機器人可能會擁有思考能力，
甚至會擁有再次複製能力，機器人一定會在地球上扮演重要角
色，擁有強大能力和智慧的機器人會成為地球的一員。

同時我還相信，在人類這種碳基人和機器人這種矽基人之
間，會有一種新的人種出現，這種人種就是融合了碳基與矽基
的智慧人。

我們在感歎機器人的強壯與智力水準提升時，其實同樣也
要看到人類這種碳基動物的價值，人類獲得的能源是生物能源，
這種能源是可以在地球上不斷再生的，能源來源於動物、植物
都可以，來源多樣化。人的大腦是生物計算儲存系統，這是一
個非常低能耗的系統，成人的大腦一天只消耗兩百五十千卡到
三百千卡能量。也就是說，一個重量介於一千三百到一千四百
公克（成人大腦的平均重量）的大腦的功率約為十五瓦特，能
量消耗很低，進行複雜的計算和儲存，還不會發熱，儲存的內
容有文字、圖片、聲音、影像，記錄邏輯關係。人類大腦擁有

一千億個神經細胞，這些細胞的功能能不能被完全開發出來，參與計算和儲存，今天不得而知，但大腦無疑存在較大的開發潛力。

大腦對於訊息的處理，有一套非常科學的機制，大腦中所有不同的訊息，都處於同樣的優先級進行儲存和調用，事實上，大腦對於接收到的訊息是隨著時間、重要程度進行科學化管理的，按照不同的優先級進行儲存。對於時間久遠的訊息，還可以進行壓縮、封存，甚至刪除，從而讓大腦的工作不再那麼超負荷，讓計算和儲存的能力來隨時處理高優先級的問題。沉睡在大腦深處的訊息，也可以透過催眠的模式將這些訊息調用、喚醒。今天對於人腦的研究，我們還沒有完全解開謎團，瞭解它所有的機制。

除了大腦之外，人類的訊息遺傳也還有大量的問題沒有瞭解清楚。一個孩子到了二到三歲時，突然之間就學會說話了，不僅會說話，大量的邏輯關係也都能理解，這些大人並沒有教過他，就是教，對於一個二到三歲的孩子來說，要理解這麼複雜的邏輯關係也是困難的，然而事實是，他就是能夠理解。人類對於世界的理解，尤其是各種邏輯關係，就類似於計算機演算法這樣一種最基礎的邏輯關係，打成了生命密碼，這些生命密碼透過核糖核酸被遺傳到新生命中，當孩子成長到一定階段，面對合適的外界環境的刺激，這些生命密碼就被打開。孩子的語言能力是這些生命密碼中的基本能力，當其與外界刺激的印象結合在一起，很容易複製上一代對世界最基本的認識與理解。

　　在人類訊息的傳輸和儲存中，還有很多暗物質的通道我們沒有發現，人類這種物種絕不像機器人那麼簡單，那麼容易被複製。

　　未來人腦的能力會不會被更多地開發出來？這方面存在較大的機會。而人類會隨著技術能力的提升，對自身進行改造，這是一定的。例如，經由植入晶片，打通人的大腦神經系統與晶片之間的連接。最初的晶片只會偵測腦電波的變化，進行輔助性的判斷，驅動人的其他神經系統工作。更加複雜的晶片會漸漸和人腦融為一體，儲存在人腦中的訊息可以拷貝到植入晶片中去，而植入晶片的訊息，也可以通過拷貝轉移到人腦中，這樣人類就可以不需要再去學習那些固化的知識，不需要再一遍遍的背誦加強記憶，把儲存固化下來，而是可以直接把訊息儲存在晶片中，進行調用。這種情況下，人類的學習速度會大大提升，學習效果會增強，一些固化的知識不需要學習。

　　同時人類也可以把腦子裡的訊息拷貝轉移到晶片中去，這樣我們就不會因為腦細胞不可逆的死亡而擔心了，知識、記憶都可以被儲存在晶片中。這是未來人工智慧的最高境界，這種技術實現後，人類將進入一個全新的時代。

　　除了大腦之外，人類也可以對體外骨骼進行改造。這項技術在今天已經有很好的發展，更多人工智慧和新材料的加入，外骨骼材質會強度更大、更輕，關節會更靈動，這種外骨骼配合人工智慧，可以大大增加人的負重、跑、跳等活動能力，在人的手臂、腿腳等器官失靈時，可以代替這些器官工作，甚至

可以支撐癱瘓的身體。這些外骨骼成為人的能力的輔助，會把人的活動、運動、承重能力提升到一個新高度，達到很多人類的肌肉和骨骼無法承受的程度。

新材料和人工智慧可再造人類的大部份器官，實現長時間工作。今天已經有心律調節器這樣的設備幫助心臟工作，隨著人工智慧技術、微電池技術、生物電技術、新的材料發現與完善，我們人類的大部份器官可以進行替換與再造，心臟、血管、皮膚多種臟器都可以進行更換。透過器官的再造，人類的壽命可以更長，能力可以更強。

有一天，有一種人，他的某些器官已經被再造，遠比一般人運動、負重能力強，還在他體內植入了晶片，可以和腦神經系統打通，大大提升了學習能力和知識儲備能力，反應極快，處理問題的能力極大地提升，這樣的人，是人類還是機器人呢？自然不是機器人，他的基礎還是碳基人，也會和人一樣談戀愛、結婚、生孩子，實現正常的繁衍，但是智慧化的改造，又讓其完全不同於人類，對於事物的理解、感情也會發生變化。從這個角度看，這樣的人，還是人類嗎？我們要如何和他們相處？我們會不會也選擇成為這樣的人？

可能在很長的時間裡，人類無法接受自己被改造，但是在漫長的時光中，這個問題一定會一點點被打破。當人的生命受到危害時，會有人去做這樣的嘗試。而很多人做出這樣的選擇後，就會有越來越多的人成為智慧人，他們的能力遠超一般人類。我們如何接受他們，在哲學上理解這種人的價值，在社會

生活的各個方面接受他們的存在，在法律上保障他們的權益與公平，這都是複雜的問題。但即使複雜，人類可能不得不正視這樣一個融合了碳基人和矽基人的群體的存在。

面向宇宙將成為新時代主題

浩瀚的宇宙永遠是人類的嚮往。它廣闊無際，孕育了生命，充滿了神秘。長期以來，人類對於宇宙更多的是仰望與想像，真正的探索還很少。

在 5G 及 5G 之後更遠的時代，人類最值得開拓的神秘疆域就是遙遠的宇宙。人類透過人工智慧解決了生產，解決了資源問題，人口不再高速度膨脹，基本生存不成問題，疾病不再是完全不可戰勝的，戰爭也可以經由交流來消解。到那時，人類面臨的最有挑戰性的事就是探索宇宙。我相信，就像歷史上的航海大發現時代一樣，宇宙大發現的時代將會到來。

人類大航海時代的出現，依靠的是造船技術的提升和天文學的發展，人類從此可以戰勝洶湧的波濤，走向遠洋尋找機會和寶藏。

宇宙大發現時代，首先是航天器必須具有遠航能力，能承受長時間的長途旅行。這樣的航天器，絕對不是一個小小的航天飛機或登月艙，應該是一個支持多人生活，可長時間補給，能遠程航行的複雜系統。這個系統，需要足夠堅固和強大的能源支持，能夠抵禦各種衝擊和碰撞，同時還具有自我修復能力。

能源供應將是宇宙遠航需要解決的一個大問題。在太陽系中，可以通過太陽能電池板收集太陽能，但飛出太陽系之後，面對遙遠的宇宙，如何獲得持續的能源供給，是一個極為複雜的難題。也許，在飛行的大部份時間裡都沒有陽光，所以必須開發出更為強大的能源系統，保證飛行器進行更長距離的飛行。這就必須在能源的生成與儲存方面有革命性的突破，除核能之外，能否找到更強大的能源生成模式，儲存的電能能否維持長時間的供應，顯得尤為關鍵。

材料也是一大難點。航天器需要在超高溫和超低溫的環境中飛行，需要面對各種巨大衝擊與壓力，這就需要盡可能減少能源消耗。此外，航天器的材料需要高密度、高強度、輕量化、防輻射、防穿透、防腐蝕，以應對特殊的宇宙環境。

宇宙大開發時代，如何實現高質量的通信也是一個待解難題。保持和地球通信，能夠飛離地球，有一天還能飛回來，並在任何時候都能保持飛行器和地球之間的訊息交流和傳遞，將考驗人類智慧。

為了對抗時間和衰老等碳基人無法跨越的障礙，人類被冷凍或是進入冬眠狀態，在長途飛行中不會衰老，而記憶會被備份到硬碟上，不會隨著腦細胞失去活力而丟掉記憶，到達目的地後，這些記憶又能恢復到腦子裡。

未來，人類可以在星際建立多個中轉站，並進軍其他星球，甚至走出太陽系，進而走向銀河系。人類開拓宇宙，不但需要解決大量的技術問題，同樣也要面對哲學和倫理的挑戰，比如，

未來人類在宇宙中處於何種位置？人類的世界屬於地球還是宇宙？人類和宇宙其他星球上的生命如何融洽相處？

　　很多大膽預想的問題，今天的我們無法回答，也回答不了，但在不遠的未來，我們必須回答，而且一定能找到解決問題的鑰匙。

結束語

　　任何一次技術革命，都推動著人類進步。時至今日，人類的技術進步已經進入一個加速時代，每一代行動通信的發展，不僅通信技術本身的變化，還帶來與之相關的產業變化，所影響的不僅是技術，也會影響產業、產品和服務，進而影響經濟、社會、文化，最終影響到倫理、道德、哲學。

　　很長一段時間，整個社會對於 5G 的理解，僅停留在速度快上。當然，5G 首先是速度快。隨著資費的不斷下降，大量用戶的加入，今天的 4G 網路已經無法滿足用戶的需求，下載速度在中國的很多地方已經從原來的 50Mbps 下降到 5Mbps，這就需要容量更大、頻譜利用率更高、體驗感更好的 5G 網路。

　　5G 更大的價值，是用新的視角來看通信網路，這個網路不再是傳統意義上人與人之間的互動，也不僅是上網的一個網路，而是通過這個網路，機器之間開始進行互動對話，在這個網路運行的終端，不再是由人操作的手機，也不再是每一台終端後面都有一個人，用戶的概念可能會逐漸退出，因為每一個用戶可能擁有幾個甚至更多的終端。

　　5G 時代，汽車、車位、電線桿、路燈、照相機、門鎖、洗衣機、環境監測器、空氣淨化器、抽油煙機、暖氣控制、冰箱等設備都會聯網，行動通信的用戶從今天平均每人一部手機，會暴增至每人平均擁有十個以上終端。這種爆發力，不僅是在

產業意義上形成一個以往人們從未想像過的巨大的市場，同時也會帶來巨大的產業機會。初步估算，二〇二五年，中國將會有一百億個行動終端，這些終端主要不是手機，而是眾多的物聯網設備。5G 低功耗、低延遲、萬物互聯的能力讓這個巨大的市場成為可能。

5G 也必將帶來產業的巨大變化。之前那種簡單的網路，將變成一個多切片的智慧網路，電信公司也會由過去的網路建設營運、管理計費等，面臨規模更為龐大的管理體系建設、計費體系建設，網路營運將會成為一個更為複雜的問題。

在業務領域，5G 必將帶來全新的機會，一些顛覆性的業務將會出現。4G 時代，行動電子商務、行動支付等突然找到了爆發點。外賣、打車這些應用，正是得益於 4G 網路覆蓋更廣、網速更高、定位更準確，從而催生出新的商業模式和新的商業機會。

5G 不僅提供了更高的速度，還有低功耗、低延遲、萬物互聯的能力，這些能力將提升物聯網、大數據和智慧學習的能力，讓這些各自有特點的能力形成新的聚合效應。

5G 會讓視頻業務變得更有生命力，直接播放、高清視頻傳播、直播業務的發展速度會進一步加快，廣告、訊息傳播、新聞業務會因為 5G 呈現出不同的形式。5G 還會讓行動電子商務和過去完全不同。

可以預見，5G 會把已經推動了二十年，但沒有真正發展起來的智慧家居，很快推向新的境界。更重要的是，5G 會滲透到社會公共管理體系中，智慧交通、智慧城市管理、遠程醫療、

智慧健康管理、汙染管理、災害監測等會變得更加便捷。

屆時，5G 將由生活服務向生產管理滲透：彈性化智慧工廠需要 5G，智慧物流體系需要 5G，智慧農業需要 5G……

4G 改變生活，5G 改變社會，未來五到十年，隨著 5G 網路的大規模佈建，人類的訊息化將進入一個全新的時代，這個時代的通信將不再是簡單的通信，而是把通信和智慧感應、大數據、智慧學習整合起來的一個新體系。在新的體系下，新的業務模式、商業模式、服務模式將會創造出巨大的新機會，這也是未來拉動經濟的重要力量。在固定電話時代，電話是按人群來定義的，中國的固定電話用戶不超過三億。但在手機時代，因為每人可以擁有不止一部手機，今天中國手機數量已經超過十四億。未來的智慧設備，是每個家庭、每個人都有數個甚至更多，而社會服務設備也會平均每人數個，在此背景下，智慧互聯網的終端設備發生噴發的機率較大。

用傳統互聯網的思維去看行動互聯網，很難想像行動互聯網的市場與機會，後者可以創造出更多不同於前者的市場機會和業務模式。在 5G 基礎上建立起來的智慧互聯網，也不會是行動互聯網的簡單複製，業務及商業模式的拷貝，而是在通信、感應、人工智慧的基礎上，改造社會管理和社會服務，真正進入智慧生活社會。

4G 時代，中國正是由於建設起了世界上覆蓋最全面的網路——全世界一半以上的基地台在中國，成功地拉動了中國行動互聯網業務大發展，行動電子支付、行動電子商務、外賣等業

務走在世界前列，形成了不少領先世界的行動互聯網新業態。5G 時代，中國也會成為全世界 5G 建設最為領先的國家，5G 的建設，不僅是通信能力的提升，更是社會管理能力、社會服務能力的根本改變。隨著 5G 的到來，世界都將發生巨大變化，我們期待著這一天的到來。

參考文獻

〔1〕尤瓦爾·赫拉利。人類簡史：從動物到上帝〔M〕。林俊宏譯。北京：中信出版社，2014。

〔2〕胡壯麟。語言學教程〔M〕。北京：北京大學出版社，2007。

〔3〕吳軍。智能時代：大數據與智能革命重新定義未來〔M〕。北京：中信出版社，2016。

〔4〕京東研發體系。京東技術解密〔M〕。北京：電子工業出版社，2014。

〔5〕李路鵬，熊尚坤，王慶揚。5G 技術展望〔C〕。中國通信學會。2013 全國無線及移動通信學術大會論文集（上）。青島：中國學術期刊電子雜誌，2013：14-16。

〔6〕王瑋。CDN 內容分發網絡優化方法的研究〔D〕。武漢：華中科技大學出版社，2009。

〔7〕金吾倫。信息高速公路與文化發展〔J〕。中國社會科學，1997 (1): 56。

〔8〕尤肖虎，潘志文，高西奇等。5G 移動通信發展趨勢與若干關鍵技術〔J〕。中國科學：信息科學，2014，44 (5): 551-563。

〔9〕趙國鋒，陳婧，韓遠兵，徐川。5G 移動通信網絡關鍵技術綜述〔J〕。重慶郵電大學學報（自然科學版），2015，27 (4): 441-452。

〔10〕喬楠，魯義。TDSCDMA 正傳〔J〕。通信世界，2006 (3)。

〔11〕賀敬，常疆。自組織網絡（SON）技術及標準化演進〔J〕。郵電設計技術，2012(12): 4-7。

〔12〕胡泊，李文宇，宋愛慧。自組織網絡技術及標準進展〔J〕。
電信網技術，2012 (12): 53-57。

〔13〕錢志鴻，王雪。面向 5G 通信網的 D2D 技術綜述〔J〕。
通信學報，2016，37 (7): 1-14。

〔14〕周代衛，王正也，周宇等。5G 終端業務發展趨勢及技術
挑戰〔J〕。電信網技術，2015 (3): 64-68。

〔15〕項弘禹，肖揚文，張賢，朴竹穎，彭木根。5G 邊緣計算
和網絡切片技術〔J〕。電信科學，2017，33 (6): 54-63。

〔16〕許陽，高功應，王磊。5G 移動網絡切片技術淺析〔J〕。
郵電設計技術，2016 (7): 19-22。

〔17〕任永剛，張亮。第五代移動通信系統展望〔J〕。信息通信，
2014 (8): 255-256。

〔18〕汪軍，李明棟。SDN/NFV——機遇和挑戰〔J〕。電信網
技術，2014 (6): 30-33。

〔19〕趙慧玲，史凡。SDN/NFV 的發展與挑戰〔J〕。電信科學，
2014 (8): 13-14。

〔20〕中國國家無線電監測中心。無線電發展史〔EB/OL〕.
〔2010-09〕. http://www.srrc.org.cn/news155.aspx.

〔21〕中華人民共和國工業和信息化部。2018 年上半年通信業經
濟運行情況〔EB/OL〕.〔2018-07-19〕.http://www.miit.gov.
cn/n1146312/n1146904/n1648372/c6265909/content.html.

〔22〕電子發燒友網工程師。5G 的三大場景和六大基本特點和
關鍵技術〔EB/OL〕.〔2018-05-31〕.http://www.elecfans.
com/tongxin/20180215636413.html.

〔23〕李芃芃，方箭，仉沛川，鄭娜。全球 5G 頻譜研究概述
及啟迪〔EB/OL〕.〔2017-09-12〕.http://www.srrc.org.cn/
article18863.aspx.

〔24〕蝶信互聯。現代移動通信技術的發展〔EB/OL〕.〔2017-08-11〕. http://www.sohu.com/a/163575997_99968711.

〔25〕Walter J. Ong., *Ramus, Method, and the Decay of Dialogue: From the Art of Discourse to the Art of Reason*〔M〕. Cambridge, Mass.: Harvard Univ. Press, 1958.

〔26〕PENG Tao, LU Qianxi, WANG Haiming, et al. Interference Avoidance Mechanisms in the Hybrid Cellular and Device-to-Device Systems〔C〕. *Personal Indoor and Mobile Radio Communications*. Tokyo: IEEE, 2009: 617-621.

〔27〕SHAO Y L, TZU H L, KAO CY, et al. Cooperative Access Class Barring for Machine-to-Machine Communications〔J〕. *IEEE Wireless Communication*, 2012, 11 (1): 27-32.

〔28〕FERRUSR, SALLENTO, AGUSTIR. Interworking in heterogeneous wireless networks: comprehensive framework and future trends〔J〕. *IEEE Wireless Communication*, 2010, 17 (2): 22-31.

〔29〕IMT 2020 (5G) Promotion Group. 5G Vision and Requirements, white paper〔EB/OL〕.〔2014-05-28〕. http://www.IMT2020.cn.

〔30〕CISCOI. Cisco visual networking index: forecast and methodology 20142019, white paper〔EB/OL〕. http://www.cisco.com/c/en/us/solutions/collateral/service-provider/ip-ngn-ip-next-generation-network/white_paper_c11481360.html.

〔31〕4G AMERICAS. 4G AMERICAS' Recommendations on 5G Requirements and Solutions, white paper〔EB/OL〕.〔2014-10-23〕.http://www.4gamericas.org.

國家圖書館出版品預行編目 (CIP) 資料

5G新時代！：5G如何改變世界？/ 項立剛著. -- 第
一版. -- 臺北市：風格司藝術創作坊, 2019.12
面； 公分
ISBN 978-957-8697-54-6(平裝)

1.無線電通訊業 2.資訊科技 3.產業發展

484.6 108017711

5G新時代！5G如何改變世界？

作 者：項立剛
責任編輯：苗 龍
發 行 人：謝俊龍
出 版：風格司藝術創作坊
新北市中和區連勝街28號1樓
Tel：02-8245-8890
總 經 銷：紅螞蟻圖書有限公司
Tel: (02) 2795-3656 Fax: (02) 2795-4100
地址：台北市內湖區舊宗路二段121巷19號
http://www.e-redant.com
出版日期／2020 年 2 月 第一版第一刷
定 價／360 元

ISBN 978-957-8697-54-6 Printed inTaiwan